理工系の基礎数学
【新装版】

数値計算

JN027766

理工系の基礎数学【新装版】

数値計算
NUMERICAL ANALYSIS

髙橋 大輔 Daisuke Takahashi

An Undergraduate Course
in Mathematics
for Science and Engineering

岩波書店

理工系数学の学び方

数学のみならず，すべての学問を学ぶ際に重要なのは，その分野に対する「興味」である．数学が苦手だという学生諸君が多いのは，学問としての数学の難しさもあろうが，むしろ自分自身の興味の対象が数学とどのように関連するかが見出せないからと思われる．また，「目的」が気になる学生諸君も多い．そのような人たちに対しては，理工学における発見と数学の間には，単に役立つという以上のものがあることを強調しておきたい．このことを諸君は将来，身をもって知るであろう．「結局は経験から独立した思考の産物である数学が，どうしてこんなに見事に事物に適合するのであろうか」とは，物理学者アインシュタインが自分の研究生活をふりかえって記した言葉である．

　一方，数学はおもしろいのだがよく分からないという声もしばしば耳にする．まず大切なことは，どこまで「理解」し，どこが分からないかを自覚することである．すべてが分かっている人などはいないのであるから，安心して勉強をしてほしい．理解する速さは人により，また課題により大きく異なる．大学教育において求められているのは，理解の速さではなく，理解の深さにある．決められた時間内に問題を解くことも重要であるが，一生かかっても自分で何かを見出すという姿勢をじょじょに身につけていけばよい．

　理工系数学を勉強する際のキーワードとして，「興味」，「目的」，「理解」を強調した．編者はこの観点から，理工系数学の基本的な課題を選び，「理工系の基礎数学」シリーズ全10巻を編纂した．

1. 微分積分
2. 線形代数
3. 常微分方程式
4. 偏微分方程式
5. 複素関数

6. フーリエ解析
7. 確率・統計
8. 数値計算
9. 群と表現
10. 微分・位相幾何

各巻の執筆者は数学専門の学者ではない．それぞれの専門分野での研究・教育の経験を生かし，読者の側に立って執筆することを申し合わせた．

　本シリーズは，理工系学部の1〜3年生を主な対象としている．岩波書店からすでに刊行されている「理工系の数学入門コース」よりは平均としてやや上のレベルにあるが，数学科以外の学生諸君が自力で読み進められるよう十分に配慮した．各巻はそれぞれ独立の課題を扱っているので，必ずしも上の順で読む必要はない．一方，各巻のつながりを知りたい読者も多いと思うので，一応の道しるべとして相互関係をイラストの形で示しておく．

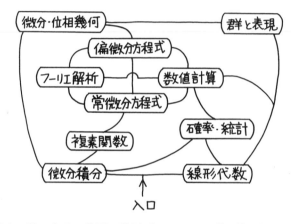

　自然科学や工学の多くの分野に数学がいろいろな形で使われるようになったことは，近代科学の発展の大きな特色である．この傾向は，社会科学や人文科学を含めて次世紀にもさらに続いていくであろう．そこでは，かつてのような純粋数学と応用数学といった区分や，応用数学という名のもとに考えられていた狭い特殊な体系は，もはや意味をもたなくなっている．とくにこの10年来の数学と物理学をはじめとする自然科学との結びつきは，予想だにしなかった純粋数学の諸分野までも深く巻きこみ，極めて広い前線において交流が本格化しようとしている．また工学と数学のかかわりも近年非常に活発となっている．コンピュータが実用化されて以降，工学で現われるさまざまなシステムについて，数学的な(とくに代数的な)構造がよく知られるようになった．そのため，これまで以上に広い範囲の数学が必要となってきているのである．

　このような流れを考慮して，本シリーズでは，『群と表現』と『微分・位相幾何』の巻を加えた．さらにいえば，解析学中心の理工系数学の教育において，代数と幾何学を現代的視点から取り入れたかったこともその1つの理由である．

　本シリーズでは，記述は簡潔明瞭にし，定義・定理・証明を羅列するようなスタイルはできるだけ避けた．とくに，概念の直観的理解ができるような説明を心がけた．理学・工学のための道具または言葉としての数学を重視し，興味をもって使いこなせるようにすることを第1の目標としたからである．歯ごたえのある部分もあるので一度では理解できない場合もあると思うが，気落ちすることなく何回も読み返してほしい．理解の手助けとして，また，応用面を探るために，各章末には演習問題を設けた．これらの解答は巻末に詳しく示されている．しかし，できるだけ自力で解くことが望ましい．

　本シリーズの執筆過程において，編者も原稿を読み，上にのべた観点から執筆者にさまざまなお願いをした．再三の書き直しをお願いしたこともある．執筆者相互の意見交換も活発に行われ，また岩波書店から絶えず示された見解も活用させてもらった．

　この「理工系の基礎数学」シリーズを征服して，数学に自信をもつようになり，より高度の数学に進む読者があらわれたとすれば，編者にとってこれ以上の喜びはない．

　1995年12月

編者　吉川圭二

和達三樹

薩摩順吉

まえがき

もし，どんなに複雑な計算でも一瞬にして実行できるならば，理工学の世界は大きく変わるであろう．たとえば，大規模な集積回路や超高層ビルなどの設計はたいへん楽になるであろうし，気象の数値予報の精度は格段に向上するであろう．また，理論の分野では，あらゆる可能な場合を調べつくすという手法が強力な証明手段として用いられるであろう．ところが，残念なことにというべきか，だからこそ世の中は面白いというべきか，われわれの計算能力は限られている．そのために，さまざまな工夫を凝らして問題解決のための努力を払わなければならない．

このような状況が数値計算とよばれる分野を生み出した．数値計算の目的は，問題の答を導き出すための計算方法を考案し，また，実際にその方法を適用して答を計算することである．数値計算の歴史は古く，いろいろな問題に対してさまざまな解法が提出されてきた．そして，電子計算機の出現によって計算能力が飛躍的に向上し，数値計算は急速に進歩をとげた．というのは，以前であれば計算終了までに年単位の時間を要していたものが，電子計算機によって秒単位に短縮できるような場合がでてきたからである．

数値計算は，現在でも新しい理論が次々と生まれている分野である．電子計算機のハードウェアとソフトウェアはたがいに影響を及ぼしあってともに発展しているが，ソフトウェアに属する数値計算はハードウェアの進歩とともに内容が変化し，逆に，数値計算の求めに応じて新しいハードウェアが考案されている．ときには，いままで標準的な解法と思われていたものが，新しい解法に置き換わって一変することもある．

また，数値計算は，理論解析の部分と実際に応用するための実学の部分とのバランスの上に成り立っている分野でもある．そもそも，与えられた問題の答を最終的に数値の形で具体的に求めなければならないという前提がある．さら

に，限られた計算能力を使用してなるべく速くその答を求めなければならないという制限条件も存在する．このため，理論的に新しい解法が考案されると，即座に実践の場で磨きがかけられ，解法にいろいろ改良が加わるという状況がしばしば起こる．要するに「答が出てなんぼ」の世界なのである．

さて，数値計算に関する書物は入門用から専門家向けまで世の中にたくさん存在する．その中で，本書は初めて数値計算を学ぶ方のための入門書としての位置づけをねらっている．ただし，漫然と内容を紹介するのではなく，各テーマで説明した解法を使用して読者が実際に数値計算を行なうことができるように配慮したつもりである．このため，理論的な説明だけでなく，具体的な計算例や結果のグラフを豊富に取り入れ，実際に行なわれる数値計算がどういうものであるかをイメージしやすいようにした．また，章末の演習問題は，学んだ解法をただちに使用することによって内容を身につけるという形式なので，手近の計算機を使用しながら演習問題を解くことをおすすめする．

章の構成は以下のとおりである．まず，第1章では，数値計算の目的や特徴および，以降の章で必要となる予備知識を説明している．この章は最初に目を通していただきたい．第2章から最後の第7章までは，数値計算の主要なテーマを選んで章ごとに説明している．

第2章では，方程式の根を求める数値計算を取り上げる．そこでは，根を求めるための代表的な解法である2分法とニュートン法を紹介する．両法とも原理は単純であるが，対照的な長所・短所を有している．同じ目的を達成するために異なったアプローチが存在するという数値計算の面白さが典型的に現われている．

第3章は曲線の推定というテーマを取り上げた．数値計算で扱う情報はつねに離散的で，曲線や連続関数を直接表現することができない．そこで，少ない情報から元の曲線や関数を推定することが必要になる．まず，その推定の方法を紹介する．さらに，実験などで得られた誤差を伴う観測値から理論的な関係式を推定する方法を紹介する．

第4章は積分である．与えられた関数の積分値を計算する方法は数値計算において古くからの主要なテーマであった．ここでは，台形則，シンプソン則と

ロンバーグ積分法という3つの方法を紹介する．台形則が最も単純な方法であるが，計算の効率という面で劣る．この点を改善しているのが残り2つの方法であるが，じつは3つの方法とも原理的な部分で共通している点がある．このことに注意して読むと，全体の見通しがつきやすい．

第5章は常微分方程式の解法を説明する．いままでの章のテーマはどちらかといえば数学寄りのものであったが，この章と次の偏微分方程式の章では物理や生物など他の分野に関連した方程式が登場する．この章では現象のモデルとしての常微分方程式の例をまず紹介する．次に，微分に対応する差分という重要な概念についてくわしく述べる．そして，いくつかの型に分類された常微分方程式の問題それぞれに対して解法を説明する．

第6章は偏微分方程式がテーマである．理工学が対象とする偏微分方程式は非常に範囲が広く，未解決の問題もたいへん多い．そのため，ここでは話題を限定し，拡散方程式，波動方程式，ラプラス方程式の3種類の偏微分方程式に焦点をあてて解法を説明する．この3つの方程式は偏微分方程式を学ぶ際の基本に属するものである．数値計算の解法には大きく分けて差分法と有限要素法の2つがあるが，本書では数学的準備が少なくすみ，初学者でも取り組みやすいという観点から差分法のみを取り上げた．

最後の第7章は連立1次方程式である．大規模な連立1次方程式を数値計算で解くことは，現在でも主要なテーマの1つである．ここではガウスの消去法，LU分解の方法，SOR法という3つの基本解法を紹介する．じつは，この章以前の他のいくつかの章で連立1次方程式の問題が登場している．それらの章では，連立1次方程式を解く部分については本章を参照するようにという指示があるので，本章を読まないと最終的にはゴールに到達しない．しかしながら，あえて連立1次方程式を最終章にもってきたのは，連立1次方程式をなぜ解かなければならないか，その意図を他の章で先に明確にさせたかったからである．

以上が本書の構成である．ある章の内容の途中で他の章の内容の一部を前提にしている箇所が上述の連立1次方程式の部分に限らず存在する．しかし，読者が2つ以上の章をひんぱんに渡り歩くことのないように細心の注意を払ったつもりである．

　本書で説明する内容は数値計算が取り扱う話題全体の一部にすぎない．行列の固有値問題，有限要素法，モンテカルロ法など紹介しなかったテーマはたくさんある．また，説明したテーマでも基礎的な部分に限定しており，より高度な解法については触れることができなかった．しかしながら，上にも述べたように，初学者でも解法を理解した上で実践的に数値計算を行なうことができるように丁寧に書いたつもりである．そのため，すべての話題に触れることは紙数の都合上不可能であった．その代わりに，巻末の参考書の欄で，本書で触れなかった話題を紹介している文献や，より高度な解法を解説している文献を紹介する．本書によって，数値計算に興味を覚え，さらに本格的な勉強をされる読者がおられたら，筆者にとって幸せのいたりである．

　本書の執筆にあたって，本シリーズの編者のお一人である薩摩順吉先生には特に多くの助言をいただいた．また，他の編者の方々や，他の巻の執筆者の諸先生方からも多くの貴重なご意見をいただいた．ここにお礼を申し上げたい．さらに，岩波書店編集部の片山宏海氏，宮部信明氏には，原稿を丁寧に読んでいただき，読みやすい本に一歩でも近づくよう，励ましとともにご指摘をたくさんいただいた．厚く感謝の意を表わしたい．最後に，経験不足の筆者を講義・演習の場で鍛えてくれている龍谷大学理工学部の学生諸君に深く感謝する．

　1996 年 1 月

髙橋大輔

目　　次

1 数値計算へのガイド

数値計算は理工学における強力な道具である．その利用価値は計算機の発達によって飛躍的に向上した．しかし，道具は使用目的や道具自身の性能を知らなければ無用の長物と化す．この章では，数値計算とは何であるかについて概説し，さらに，数値計算に特有のいくつかの事柄について説明する．

1-1 数値計算

数値計算とは　数値計算（numerical calculation）とは，読んで字のごとく「数値を用いて計算する」ことである．そして数値とは整数，実数，複素数などの数のことである．例えば $-53, 1.47, \frac{1}{3}+8i$ がこれに当たる．また，ある量を何かの単位で測り，その大きさを表わす数のことも数値とよぶ．例えば 500 円，65 km の 500, 65 がこれに当たる．

では，それら数値に対してどのような計算を行なうのであろうか．基本的な計算として足す，引く，掛ける，割るの四則演算が考えられる．したがってわれわれは 500 円と 300 円の品を買って合計 800 円なり，などと日常的に数値計算を行なっていることになる．それでは四則演算以外にどのような計算があるだろうか．これを知るために四則演算自身を分解してくわしく考えることにする．例えば，掛け算 24×35＝840 をていねいに行なうと，

$$
\begin{array}{r}
2\ 4 \\
\times\quad 3\ 5 \\
\hline
1\ 2\ 0 \\
7\ 2 \\
\hline
8\ 4\ 0
\end{array}
$$

となる．この計算には，1桁の数の掛け算を九九の表から検索する，繰り上がりを考慮する，足し算を行なうなどの数値に対する演算が組み合わされている．足し算はどうであろうか．例えば，135＋468＝603をていねいに行なうと，

$$
\begin{array}{r}
1\ 3\ 5 \\
+\quad 4\ 6\ 8 \\
\hline
6\ 0\ 3
\end{array}
$$

となる．この計算は，1桁の数の足し算を和の表から検索する，繰り上がりを考慮するなどの数値演算で構成されている．

　上のような四則演算では，与えられた数値に対する一連の演算をある手続きにしたがって整然と行なっており，他人にその手続きのすべてを説明することができる．そして，手続きに従えば誰が計算しても同じ答に到達する．数値計算における計算とは，そのような明示された手続きによる一連の演算のことである．この「明示された手続き」のことを**アルゴリズム**(algorithm)あるいは**手順**という．アルゴリズムにはあいまいさが許されない．例えば，「頭の中で思い浮かべた2つの数の和をとり，その和の適当な桁の数字を答えよ．」という手続きはアルゴリズムではない．一方，「もし x が0以上ならば x を2で割り，そうでなければ x に10を加えよ．」や，「a_0 を5とし，n を0から9まで1ずつ増やしながら $a_{n+1}=a_n+3$ を順次計算せよ．」などという手続きはアルゴリズムである．

　数値計算の役割　　次に，数値計算の役割について述べる．前に触れたように，日常の買い物という行為の中でも数値計算を行なうことがある．しかし，そこまで話題を広げると，とりとめのない話になってしまうので話題を限定する．ここでは，理工学における数学的問題に数値計算を適用する状況を仮定する．そして，それらの分野でなぜ数値計算が必要であるかを，例を用いて以下に示す．

　まず，余弦関数 $\cos x$ を考える．$\cos x$ はいろいろな分野で登場するポピュラーな関数である．われわれは $\cos x$ について，その定義，倍角の公式，導関数などさまざまな性質を知っている．しかし，適当な値を実際に x に代入したときに，$\cos x$ の値を上の桁から 5, 6 桁正しく答えるには少々手間を要する．例えば，製図用具で直角 3 角形を描いて幾何学的に $\cos x$ を求めるのでは正確さを望めないであろう．そこで，テイラー展開

$$\cos x = 1 - \frac{x^2}{2!} + \frac{x^4}{4!} - \cdots \tag{1.1}$$

を利用して，右辺の最初の数項から計算するという方法が考えられる．これは，もはや立派な数値計算である．では，関数電卓を用いて計算するというのはどうであろうか．じつは，関数電卓には，$\cos x$ の計算方法が回路に組み込まれているので，人の代わりに電卓が数値計算を行なっている．以上の例のように，われわれがすでにもっている数学の成果を利用する場合に，しばしば数値計算が必要となる．

　次に，数値計算の別の役割について考える．まず，円柱形の橋脚が川の中に立っている状況を想像してみよう．川は橋脚のまわりを渦巻きながら流れている．また，橋脚の大きさなどに応じて流れのパターンや橋脚に加わる力が変化するであろう．いま，この流れを解析する必要があるとしよう．現実の橋脚では難しいが，状況設定を非常に単純化すればこの流れを偏微分方程式で表現することができる．後はその偏微分方程式を解くだけであるが，現在に至るまで理論的に厳密に解いた人はいない．この例のように，理工学のさまざまな分野の数学的問題の中に，解くことが非常に困難なものが無数に存在する．ところが，それらの問題のうち数値計算を行なえばおおよその答を推測することができるものもたいへん多い．実際，上のような川の流れの解析にも数値計算がよく利用される．このように，理論的に解くことが難しい問題に対して数値計算はプローブの役割を果たす．

　以上のように，数値計算は理工学のいろいろな分野において数学的問題に対する強力な道具としての役割を果たしている．現代科学の発展には数値計算が不可欠である．

1-2　計算機による数値計算

数値計算の道具　　最初に数値計算を行なう道具について考える．まず，道具の第1の候補はわれわれ人間である．われわれは頭の中で，あるいは，紙と鉛筆を使用しながら，いわゆる手計算によって数値計算を行なうことができる．労力や時間といった事情が許されれば，手計算で実行できない数値計算は存在しない．次の道具の候補として，そろばん，計算尺，手回し計算機といった古典的道具が挙げられるが，数値計算にそれらを使用する人は，いまではわずかであろう．現在，数値計算の道具として主流を占めているものは**電子計算機**（electronic computer）である．電子計算機には，電卓，パーソナルコンピュータ，ワークステーション，大型計算機，スーパーコンピュータ，並列計算機など，用途，計算規模，経済的条件に応じてさまざまな種類が存在している．以降では，電子計算機のことを単に計算機とよぶことにする．

もはや計算機の存在抜きには数値計算は考えられない．計算機は大量の数値計算を自動的に正確にすばやく行なうことができるからである．その最大の特徴のひとつは，単純な電卓以外はすべてプログラミングが可能であるという点である．すこし複雑な数値計算を行なおうとすると，計算の手間がたちどころに膨大になり，手計算や単純な電卓では労力があまりにかかりすぎる．そこで計算のアルゴリズム全体を**プログラム**（program）とよばれる，計算機が実行可能な命令の並びに翻訳し，計算機に数値計算のすべてを行なわせる．こうすれば計算途中で人間が介在する必要がなく，最終結果のみを知ることができる．ただし，このような利点を備えた計算機にも制約があるので注意を要する．これについては次の節で述べる．なお，本書で解説する数値計算の大部分は計算機の使用を前提にしている．できれば計算機を準備して，実際の経験を積みながら本書を読み進めていただきたい．

作業の概略　　次に，計算機で行なう数値計算の作業手順の概略について述べる．ただし，計算機は数値計算の道具であるが，数値計算自身も数学的問題を解くための道具にすぎないということに注意しなければならない．したがっ

て作業手順を数値計算だけに的を絞って説明しても，木を見て森を見ずという
ことになりかねない．そこで，数値計算を行なう動機となる問題が与えられて
から，計算機を使用して答を得るまでの一連の作業について考えることにする．
ただし，与えられた問題やいろいろな事情に応じて作業のバリエーションがた
くさん存在する．ここで紹介するのは典型的な作業の一例にすぎない．

　まず，作業の流れの概略を図 1-1 に示す．最初に数値計算の動機となる問題
が設定される．例えば，ある天体の軌道を知りたいとか，効率のよいエンジン
を設計したいなどという問題である．以降，図中の矢印の番号に従って作業内
容を説明する．

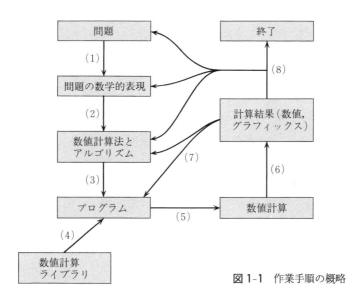

図 1-1　作業手順の概略

（1）　動機となる問題を数学的に解析する．そして，方程式などの形で元の
　　問題を数学的に表現する．
（2）　その問題は理論的な計算だけで答を得るのが難しく，数値計算で解析
　　する必要があるとする．そこで，数値計算で解くための方法，すなわち，
　　数値計算法を問題に対して適用し，解く手続きをアルゴリズムに翻訳する．
（3）　アルゴリズムを実行するためにプログラムを作成し，計算機に入力す

る．プログラムは通常C, FORTRANなどの計算機用の高級言語で書かれることが多い．

（4）　アルゴリズムがしばしば利用されるような標準的なものであれば，**数値計算ライブラリ**とよばれるソフトウェアの形でプログラムが提供されていることがある．この場合は数値計算ライブラリを利用してプログラム作成の効率化がはかれる．

（5）　完成したプログラムを，コンパイル，リンクという計算機上の作業によって計算機が直接理解できる機械語プログラムに翻訳する．そして，いよいよ計算機に数値計算を実行させる．

（6）　数値計算の途中経過あるいは最終結果をディスプレイや紙に出力する．出力形態としては，数値を出力する場合や，一連の数値結果を絵にしてグラフィックスで出力する場合などがある．

（7）　得られた計算結果がおかしい場合がある．その原因がアルゴリズムやプログラムの設計ミスにあれば，そのミスを取り除く．

（8）　得られた計算結果が思わしくなく，その原因が(7)で述べたものでない場合は，最初の問題設定，その数学的表現，数値計算法，アルゴリズムなどを根本的に見直して検討を行なう．そしてふたたび作業を繰り返す．もし計算結果を吟味して満足な答が得られたと判断すれば，めでたく作業終了である．

　以上，作業の全体を逐一説明したのでたいへんな作業に思えるかもしれないが，要は経験による慣れである．まずは本書で紹介するような初歩的な数値計算で一通りの経験を積むことをおすすめする．

1-3　計算量と誤差

　計算量　　この節では，数値計算特有の事柄を，計算機における数値計算に重点を置いて説明する．まず，あらゆる数値計算は有限の資源を用いて有限の時間内に終了しなければならない．この制約によって計算の複雑さ，すなわち**計算量**（complexity of computation）を考慮する必要が生じる．いくら計算速

度が速い計算機でも，数値計算の各手続きの実行になにがしかの時間がかかる．例えば掛け算を1回実行するのに 10^{-6} 秒かかる計算機を考えよう．1回の計算だけならば一瞬である．しかし，ある数値計算で100万回の掛け算が必要ならばそのために1秒，10億回ならば16分40秒という時間を費やす．この程度の回数の掛け算は実用的な数値計算では普通に起こりうる．

そこで，計算の開始から終了までに要する数値演算の総量によって計算量を見積もることがある．ところが，計算機の演算には，四則演算，代入，条件判断，繰り返し，関数呼び出し，入出力などいろいろある．そこで，すべての演算を数え上げることが難しい場合には，負荷の大部分を占める特定の演算の実行回数を数えることで計算量を大ざっぱに把握する．特に，四則演算あるいは関数呼び出しの回数で計算量を見積もることが多い．

計算量に関わる別の制約として，**メモリ**（memory，記憶素子）の量的な問題がある．人が数値を覚えたり紙に記したりするように，計算機はメモリに数値を記憶する．計算機ではひとつの数値に対して一定の量のメモリを必要とする．一定でない場合もあるが，ここでは考えない．計算機が準備しているメモリにはもちろん上限がある．

例えば100万個の数値を同時に記憶することができる計算機を考えよう．この個数は現在の計算機にとって多すぎる数ではないが少なすぎる数でもない．ここで，図1-2(a)のように，正方形の板の周囲をある温度分布に固定したとき，板の内部の各位置における温度分布を求める問題を考える．この問題は第6章でくわしく取り上げる．第6章で紹介する数値計算法では，図1-2(b)の黒丸で示すようなとびとびの位置での温度をすべて変数にとり，方程式を解いてそれら変数の値を求めることを行なう．この図では縦5×横5の合計25個の黒丸がある．そこで25個分の変数の値を記憶するためのメモリが最低限必要になる．これぐらいならばメモリの問題は生じない．しかし，もっと細かく情報を得たいと思い，縦100×横100の位置で温度を知りたいとすると10000個，というようにたくさんのメモリが必要となる．2次元の板の問題だとせいぜいこの程度ですむかもしれない．ところが，3次元の立方体の内部の温度分布を求めようとすると，一挙にメモリの量的な制約が関わってくる．例えば，

周囲の温度分布を固定する

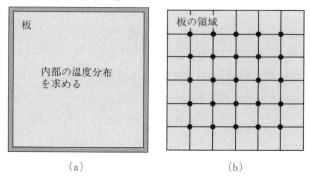

図1-2 板の温度分布を求める問題. (a)問題設定, (b)温度を求める位置(黒丸)

縦 100×横 100×高さ 100 の位置での変数の値をすべて記憶するだけで 100 万個分のメモリが必要となり, 上に挙げた計算機では数値計算の実行が非常に厳しくなる.

以上のように, 数値計算では計算にかかる時間やメモリの量などの計算量を考慮する必要がある. 同等の結果が得られるならば計算量が少なくてすむ方がよい.

数値表現 次に, 計算機内部での数値の表現および誤差について説明する. 計算機内部では数値は 2 進数(あるいは 16 進数)で表現されている. 2 進数の各桁のことをビット(bit)とよぶ. 例えば, 3 つのビットで表現された 2 進数 101 は, 10 進数に変換すると $1 \times 2^2 + 0 \times 2^1 + 1 \times 2^0 = 5$ となる. 計算機では, ひとつの数値を表現するのに一定の桁数すなわちビット数を使用する. 通常, 16, 32, 64 ビットがよく用いられる. このように一定のビット数で表現するために, 表現できる数値に制約が生じる. すなわち, 与えられたビット数以上にビットを必要とする数値を取り扱うことができないのである. この制約を整数型と実数型の 2 つの数値表現に対して説明する.

まず整数型の数値とは 123 や −45 などの整数で表わされた数値のことである. 計算機システムによって異なるが, ひとつの整数型の数値のために 16 ビットあるいは 32 ビットを使用することが多い. 32 ビットで表現される整数は

−2147483648 以上 2147483647 以下の範囲に限られる．ただし，この範囲も計算機システムに依存する．だいたい 9 桁以内と覚えておけばよいであろう．

　実数型は 1.23 や −45.67 などの小数点をもつ数値表現に使用される．ただし，無理数 $\sqrt{2}$ や円周率 π をそのまま表現することは不可能で 1.41421, 3.14159 など上位から限られた桁数しか取り扱うことができない．この点が数学で定義される実数と大きく異なる．この制約をもうすこしくわしく説明しよう．実数型の数値には 32 ビットを使用する**単精度**（single precision）**実数**と，64 ビットを使用する**倍精度**（double precision）**実数**の 2 種類がある．両者の場合とも計算機内部では**浮動小数点**（floating point）とよばれる表現形式で記憶される．すこし説明の正確さを欠くが，簡単のため 10 進法で考えよう．例えば，1.234, −123.4, 0.001234 は

$$1.234 \quad \rightarrow \quad +0.1234\times10^{+1}$$
$$-123.4 \quad \rightarrow \quad -0.1234\times10^{+3}$$
$$0.001234 \quad \rightarrow \quad +0.1234\times10^{-2}$$

という具合に，

$$\pm0.\underbrace{d_1d_2\cdots d_N}_{\text{仮数部}}\times10^{\overbrace{p}^{\text{指数部}}}$$

という形で表現される．**仮数部**（mantissa）のうちの $d_2\sim d_N$ にはそれぞれ 0～9 の数のどれかが入り，数値 0 を表現する場合以外は d_1 には 1～9 の数のどれかが入る．仮数部の桁数 N および**指数部**（exponent）の整数 p の範囲は，表現に使用するビット数や計算機システムによって異なる．典型例を表 1-1 に示す．

　浮動小数点の表現のもつ利点は明らかである．例えば −123456000, 1.23456, 0.00000123456 の浮動小数点による表現は，それぞれ −0.123456×10⁹, 0.123456×10¹, 0.123456×10⁻⁵ である．このように，その絶対値が小さな数から大きな

表 1-1　実数型の浮動小数点表現

	10進数で換算した 仮数部の桁数 N	指数部 p の範囲
単精度	6	−37～+38
倍精度	15	−307～+308

数まで，先頭の桁からの正確さという点で同程度に情報を保持できるのである．なお，本書では倍精度を使用することを前提にしている．いろいろな数値計算の実験を行なうには，単精度では仮数部の桁数が少なすぎるためである．

誤差　以上のように，数値は計算機内部で有限の桁数の範囲でしか保持されない．このため非常に桁数の多い数値，例えば無理数などは正確に表現されない．こうして数値計算では**誤差**(error)が生じる．

まず，ある数の真の値を α とし，その近似値を x としよう．そのときの誤差 ϵ は

$$\epsilon = x - \alpha \qquad (1.2)$$

で定義される．例えば 12.34567 を真の値とし，近似値を 12.34 とすると，誤差は

$$\epsilon = 12.34 - 12.34567 = -0.00567 \qquad (1.3)$$

となる．なお，$\epsilon = \alpha - x$ と定義する場合もある．誤差の絶対値 $|\epsilon|$ を**絶対誤差**(absolute error)という．上の例では $|\epsilon| = 0.00567$ である．本書では，絶対誤差をも単に誤差ということにする．なぜならば近似値が真の値に比べて大きいか小さいかはそれほど問題ではなく，近似値が真の値からどれだけ離れているかが重要であるからである．さらに，**相対誤差**(relative error) ϵ_R は

$$\epsilon_R = \frac{\epsilon}{\alpha} \qquad (1.4)$$

で定義される．ただし $\alpha \neq 0$ とする．この量の絶対値は，誤差が真の値に比べてどれくらいの大きさに相当するかを示す．また，もし ϵ の絶対値が α の絶対値に比べて非常に小さければ

$$\frac{\epsilon}{\alpha} \doteqdot \frac{\epsilon}{x} \qquad (1.5)$$

となる．

有効数字　ある数値の先頭から数えて p 桁までが意味のある値であったとしよう．この p 桁までの数字を**有効数字**(significant digit)といい，p を**有効桁数**という．ただし，0.000123 などの数値では先行する 0 を有効数字に含めない．計算機に数値 12.345678 を入力し，単精度実数として記憶させるとする．

12.345678 は浮動小数点表現で 0.12345678×10^2 である。前に示したように単精度実数の仮数部は約 6 桁である。そこで、仮数部の小数点以下 7 桁目を 4 捨 5 入して 0.123457×10^2 と計算機が記憶したとしよう。すると、記憶された数値の有効数字は 6 桁となる。（ただし、話をわかりやすくするためにここでは 10 進法で説明しているが、実際の計算機は 2 進法や 16 進法で同様のことを行なう。）

丸めの誤差　　上の例のように、計算機は大きな桁数の数値の下位の桁を 4 捨 5 入（計算機システムによっては切り捨て）し、一定の桁数内に収める。この操作を**丸め**といい、丸めのときに生じる誤差を**丸めの誤差**(round-off error)という。上の例では丸めの誤差は $0.123457 \times 10^2 - 12.345678 = 0.000022$ である。また、数値計算の途中で丸めによって有効桁数が大きく減ることがある。例えば $\sqrt{1001} - \sqrt{1000}$ を計算するとする。真の値は $\sqrt{1001} - \sqrt{1000} = 31.6385840\cdots - 31.6227766\cdots = 0.0158074\cdots$ である。一方、この計算を有効数字 6 桁で行なうとする。7 桁目を 4 捨 5 入すると $\sqrt{1001} \fallingdotseq 31.6386$, $\sqrt{1000} \fallingdotseq 31.6228$ である。両者を引き算すると $31.6386 - 31.6228 = 0.0158$ となり、有効数字が 3 桁まで減ってしまう。このような現象を**桁落ち**(cancelling)という。

打ち切り誤差　　丸めの誤差は計算機の数値表現によって生じる誤差である。こんどは数値計算のアルゴリズムを作る段階で生じる誤差について述べる。例えば、自然対数の底 e の値は次式のように無限級数で表わすことができる。

$$e = 1 + \frac{1}{1!} + \frac{1}{2!} + \frac{1}{3!} + \cdots \tag{1.6}$$

そこで、この式の右辺の先頭から 6 項の和で e の近似値を求める数値計算を考える。すると

$$1 + \frac{1}{1!} + \frac{1}{2!} + \cdots + \frac{1}{5!} = 2.7166\cdots \tag{1.7}$$

となる。真の値は $e = 2.7182\cdots$ であるので、小数第 3 位以降に誤差が生じている。これは無限項の和をとる操作を有限項で打ち切ったためである。

その他に、関数 $f(x)$ の $x = a$ における微分係数

$$f'(a) = \lim_{h \to 0} \frac{f(a+h)-f(a)}{h}$$

の値を，

$$\frac{f(a+\Delta x)-f(a)}{\Delta x}$$

を計算することによって近似する方法を第5章で紹介する．ここで，Δx は0でない実数である．このときにも当然誤差が生じる．このように，数値計算は無限回や無限小といった数学の操作が苦手なので，有限の操作に置き換えて近似計算を行なう．このときに生じる誤差を**打ち切り誤差**(truncation error)という．

　数値計算では丸めの誤差や打ち切り誤差が入り込む可能性がつねにある．このせいで数値計算をあいまいなものとして嫌う人も多い．しかし，よい数値計算法を修得して上手に誤差とつきあうことができるならば，何も恐れる必要はない．むしろ，理論計算では得られないダイナミックな具象の世界を味わっていただきたい．

1-4　数学的予備知識

この節では後の章でしばしば用いる重要な公式や記号などを前もって説明しておく．

　微分可能性　　まず最初は関数の微分可能性についてである．後の章では関数の導関数がしばしば現われる．そこでは特に断らない限り，関数は十分な回数だけ**連続微分可能**(continuously differentiable)であるとしておく．例えば，ある関数が定義域で n 階までの導関数をもち，それらが連続であれば，その関数は n 階連続微分可能であるという．数学の定理などでは，「関数 $f(x)$ が2回連続微分可能であるとしたとき」などという前提から始まるものが多い．本書では，このような場合に考える関数 $f(x)$ は十分な回数連続微分可能であり，この前提はすでに満たされているものとして省略する．これによって定理が対象とする関数の範囲をせばめることになるが，それでも実用的には十分に広い

範囲の関数を対象にできる.

テイラーの公式 いま x の適当な関数 $f(x)$ を考える. すると, **テイラーの公式**(Taylor's formula)

$$f(x) = \sum_{j=0}^{n-1} \frac{f^{(j)}(a)}{j!}(x-a)^j + \frac{f^{(n)}(\xi)}{n!}(x-a)^n$$

$$= f(a) + f'(a)(x-a) + \frac{f''(a)}{2}(x-a)^2 + \cdots$$

$$+ \frac{f^{(n-1)}(a)}{(n-1)!}(x-a)^{n-1} + \frac{f^{(n)}(\xi)}{n!}(x-a)^n \tag{1.8}$$

を満たす ξ が a と x の間に少なくとも1つ存在する. ここで, a は適当な実数, n は自然数, $f^{(j)}(x)$ は $f(x)$ の j 階導関数である. ξ は x, a, n に依存する. 右辺の最後の項 $\frac{f^{(n)}(\xi)}{n!}(x-a)^n$ は**剰余項**(remainder)とよばれる. なお, $n=1$ の場合は, 平均値の定理

$\frac{f(x)-f(a)}{x-a} = f'(\xi)$ を満たす ξ が x と a の間に少なくとも1つ存在

する.

に他ならない.

テイラーの公式はいろいろな応用がきく便利な公式である. 例えば(1.8)式で $n=3$ の場合の公式

$$f(x) = f(a) + f'(a)(x-a) + \frac{f''(a)}{2}(x-a)^2 + \frac{f'''(\xi)}{6}(x-a)^3 \tag{1.9}$$

を考え, 具体的に $f(x) = \cos x$, $a=0$ を代入してみよう. すると,

$$\cos x = \cos 0 - \sin 0 \cdot x - \frac{\cos 0}{2}x^2 + \frac{\sin \xi}{6}x^3$$

$$= 1 - \frac{1}{2}x^2 + \frac{\sin \xi}{6}x^3 \tag{1.10}$$

が導かれる. この式の右辺の剰余項以外を左辺に移項し, 両辺の絶対値をとると,

$$\left| \cos x - \left(1 - \frac{1}{2}x^2\right) \right| = \left| \frac{\sin \xi}{6}x^3 \right| \tag{1.11}$$

となる．さらに $|\sin \xi| \leqq 1$ なので

$$\left| \cos x - \left(1 - \frac{1}{2}x^2\right) \right| \leqq \frac{1}{6}|x|^3 \qquad (1.12)$$

となる．

(1.12)式は x が小さいときに $1 - \frac{1}{2}x^2$ が $\cos x$ の近似式になりうることを示している．例えば $x = 0.1$ とすると，

$$|\cos 0.1 - 0.995| \leqq \frac{1}{6000} \qquad (1.13)$$

となる．すなわち，$\cos 0.1$ の値は 0.995 とせいぜい $\pm 1/6000 \fallingdotseq \pm 0.00017$ しか違わないのである．実際 $\cos 0.1 = 0.995004\cdots$ であり，たしかにそうなる．さらに $x = 0.01$ とすると

$$|\cos 0.01 - 0.99995| \leqq \frac{1}{6 \times 10^6} \qquad (1.14)$$

となり，両者の差はもっと小さくなる．x が小さいほど差が小さくなることは図 1-3 のように $\cos x$ と $1 - \frac{1}{2}x^2$ のグラフを比較してみるとよくわかる．こうして x が 0 に近い範囲では，四則演算だけで計算できる $1 - \frac{1}{2}x^2$ の値によって $\cos x$ のおおよその値を知ることができるのである．なお，常に $|\sin \xi| \leqq |x|$ であるので，(1.12)式の左辺の値をさらに小さく見積もることができる．

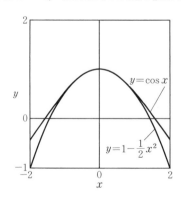

図 1-3　$\cos x$ と $1 - \frac{1}{2}x^2$ のグラフ

　上の例が示すように，x が a に近いときは(1.8)式の左辺 $f(x)$ を右辺の剰余項を除いた部分が近似している．そして，そのときの誤差を剰余項で評価でき

る．さらに，(1.8)式の x を $x+h$，a を x に置き換えると，

$$f(x+h) = \sum_{j=0}^{n-1} \frac{h^j}{j!} f^{(j)}(x) + \frac{h^n}{n!} f^{(n)}(\xi) \tag{1.15}$$

となる．ここで ξ は x と $x+h$ の間の数である．上式の $n=1, 2, 3$ の場合の具体形を以下に示す．

$$n = 1 \text{ の場合}: \quad f(x+h) = f(x) + hf'(\xi) \tag{1.16a}$$

$$n = 2 \text{ の場合}: \quad f(x+h) = f(x) + hf'(x) + \frac{h^2}{2} f''(\xi) \tag{1.16b}$$

$$n = 3 \text{ の場合}: \quad f(x+h) = f(x) + hf'(x) + \frac{h^2}{2} f''(x) + \frac{h^3}{6} f'''(\xi) \tag{1.16c}$$

ただし，上の3つの式の ξ はそれぞれの式で別々に定まる数である．

ランダウの記号　いま $x \to a$ のとき $|f(x)/g(x)|$ が有界ならば，$x \to a$ のとき $f(x)$ はたかだか $g(x)$ の**位数**(order)にあるという．そして大文字の O(オー)を用いて $f(x) = O(g(x))$ と書く．この O は**ランダウの記号**(Landau's symbol)とよばれる．例えば，$f(x) = 2x + 3x^2 + 4x^3$，$g(x) = x$ とすると，$x \to 0$ で $|f(x)/g(x)| \to 2$ となる．よって

$$x \to 0 \quad \text{で} \quad 2x + 3x^2 + 4x^3 = O(x) \tag{1.17}$$

と表わすことができる．この式は $x \to 0$ で $2x + 3x^2 + 4x^3$ がほぼ x に比例することを意味する．さらに，$f(x) = 3x^2 + 4x^3$，$g(x) = x^2$ とすると，$x \to 0$ で $|f(x)/g(x)| \to 3$ となる．よって

$$x \to 0 \quad \text{で} \quad 2x + 3x^2 + 4x^3 = 2x + O(x^2) \tag{1.18}$$

となる．x が十分小さいと，右辺の $O(x^2)$ の項は $2x$ に比べて無視できる．したがってこの式は，x が十分に小さいと $2x + 3x^2 + 4x^3$ がほぼ $2x$ に等しく，両者の差はせいぜい x^2 の定数倍程度であることを意味する．また，$|f(x)/g(x)|$ が有界であればよいので O は符号も問わない．例えば

$$x \to 0 \quad \text{で} \quad 1 - x + \frac{x^2}{2} - \frac{x^3}{3} = 1 + O(x) \tag{1.19}$$

としてよい．

x を $\pm\infty$ に近づける場合も，この記号を使うことができる．例えば $f(x) =$

$1+2x+3x^2$, $g(x)=x^2$ とすると, $x\to\infty$ で $|f(x)/g(x)|\to3$ となる. よって

$$x\to\infty \quad \text{で} \quad 1+2x+3x^2 = O(x^2) \tag{1.20}$$

と表わしてよい. この式は, $1+2x+3x^2$ が $x\to\infty$ でだいたい x^2 の定数倍に比例することを意味している.

この記号 O は四則演算の回数や誤差の見当をつけるときに便利である. 例えば, テイラーの公式(1.16b)式を考える. (1.16b)式で ξ は x と $x+h$ の間の数である. $f''(x)$ がつねに有界であるならば, $f''(\xi)$ も有界となる. ゆえに,

$$h\to0 \quad \text{で} \quad f(x+h) = f(x)+hf'(x)+O(h^2) \tag{1.21}$$

となる. 左辺の $f(x+h)$ を右辺の $f(x)+hf'(x)$ で近似したとみなすと, その差は $h\to0$ でせいぜい h^2 の定数倍程度なのである. 「せいぜい」とことわっているのは, 場合によっては $h\to0$ で $f''(\xi)\to0$ となることもあり, この場合 $O(h^2)$ の項は h^2 よりも速く 0 に収束するからである.

なお, ランダウの記号には小文字の o(オー)もある. この記号は $x\to a$ で $f(x)/g(x)\to0$ になるとき, $f(x)=o(g(x))$ というように用いる. これは x を a に近づけると $f(x)$ が $g(x)$ に比べて無視できるほど小さくなることを意味しているが, 本書ではこの記号を使用しない.

1-5 アルゴリズムの書式

数値計算の手続きがこみいってきた場合に, 本書ではアルゴリズムの形でその一連の手続きをまとめて示している. アルゴリズムでは, 定理の証明などで用いる論理的な文章表現とかなり異なる書式を使用することが多い. 特に, アルゴリズムを計算機のプログラムに翻訳することを想定した書式を採用するのが便利である. 本書でもこのような書式をいくつか導入するので, 以下に例を挙げて説明する. ただし, 通常の文章表現で理解できる部分はなるべくそれを生かすことにする.

実行順序　　まず, アルゴリズム中の各手続きは, 実行する順序に従って原則として上から下に並べる. 例えば,

(1)　文字列「数値」を画面に出力する.

（2）　文字列「計算」を画面に出力する．

というアルゴリズムを考える．なお，(1),(2)のように括弧つきの数字を付けたひとまとまりの手続きを**ステップ**とよぶことにする．このアルゴリズムを実行すると，ステップ(1),(2)の順序で手続きが行なわれ，画面には「数値計算」という文字列が出力される．「計算数値」とはならないのである．しかし，強制的に実行順序を変える手続きもある．例えば，

（1）　文字列「数値」を画面に出力する．

（2）　ステップ(4)に移る．

（3）　文字列「計算」を画面に出力する．

（4）　文字列「積分」を画面に出力する．

（5）　文字列「法」を画面に出力する．

というアルゴリズムでは，ステップ(3)が実行されずに画面には「数値積分法」と出力される．ステップ(2)で強制的に実行を(4)に移したが，その後は特に指定がないので，「上から下へ」の実行順序に戻る．

　　代入　　次に代入（substitution）について述べる．Cや FORTRAN などのプログラム言語では

$$x = x+1$$

という表現が許される．これを等式だと考えると，等式が矛盾しているので意味をなさない．一方，プログラムではこの表現にちゃんと意味がある．まず，右辺の $x+1$ により，変数 x に現在代入されている値と 1 の和を計算する．そして $x=$ によりその和の値を変数 x にふたたび代入する．すなわち，上の表現では変数 x に代入されている値が 1 増えるのである．

　　例えば，プログラム中で

$$x = 2$$
$$x = x+1$$

と書かれていると，最終的な x の値は 3 になる．しかし，この表現は等式と混乱しやすいので代入操作の場合は等号 $=$ の代わりに $:=$ を用いることにする．アルゴリズム中で変数$:=$式 とあれば，まず式を計算し，しかる後にその結果の値を左辺の変数に代入することになる．例えば，

(1)　$x := 1$

(2)　$x := x + 2$

(3)　$x := 10x$

を実行すると，最終的な x の値は 30 となる．

繰り返し　数値計算では同じ内容の計算を何回も繰り返すことが多い．これは**繰り返し**あるいは**反復**とよばれる手続きに相当する．例えば次の漸化式を考えよう．

$$\begin{cases} x_0 = 3 \\ x_{i+1} = x_i(x_i - 1) \end{cases}$$

この漸化式を用いると，x_0 から x_1 を，x_1 から x_2 を，という具合に順次 x_i の値を求めることができる．ここで，x_{10} の値を知りたいとしよう．x_{10} を求めるまでの計算手続きをアルゴリズムで表現すると，

(1)　$x_0 := 3$

(2)　⌈$i := 0, 1, \cdots, 9$ の順に
　　　　$x_{i+1} := x_i(x_i - 1)$
　　⌊を繰り返す

となる．もし，$x_1 \sim x_9$ の値を知る必要がなく，x_{10} の値さえわかればよいのであれば，代入の性質を生かして

(1)　$x := 3$

(2)　⌈$i := 0, 1, \cdots, 9$ の順に
　　　　$x := x(x - 1)$
　　⌊を繰り返す

としても構わない．この場合，ステップ(2)での i は，10 回同じ内容の計算を繰り返すために回数を数える役割を果たしているだけである．また，変数は i と x だけ準備しておけばよいのでメモリの節約にもなっている．

さらに，別の種類の繰り返し手続きを導入しておく．例えば，

(1)　$x := 0$

(2) $\quad \Big\lceil$ 以下

$\qquad x := x + 3$

$\qquad$ もし $x > 10$ ならばステップ (3) に移る

$\quad \Big\lfloor$ を繰り返す

(3)　x の値を答とする

というアルゴリズムを考える．これを実行すると x の値は $0, 3, 6, \cdots$ と 3 ずつ増えていく．前の値を 3 だけ増やした後に「もし…」で始まる条件判断の手続きが毎回実行される．したがって，このアルゴリズムを実行すると，x の値が 12 になった時点でステップ (3) に移るので答は 12 になる．

　変数名　　アルゴリズム中では多くの変数をしばしば使用する．そのとき，変数名を 1 文字で表わすと，どの変数がどのような役割をもっているかがわかりにくい．そこで，変数名として数文字からなる文字列を使用する場合がある．例えば 2-1 節では fc を，4-2 節では new_T を変数名として使用している．fc は $f \times c$ とも解釈できるが，アルゴリズムを見ればそのような誤解は生じない．そこで本書では，誤解が生じない限り特に断わらずに文字列の変数名を使用する．

第 1 章　演習問題

[1]　(1)　$f(x) = 1 + x + x^2 + \cdots + x^n$ を計算することを考える．$x^i (2 \leqq i \leqq n)$ を $x^i = x \times x \times \cdots \times x$ という形で計算するとする．$f(x)$ の計算に四則演算を全部合わせて何回行なうか．また，$n \to \infty$ でその回数を $O(n^L)$ と見積もるとき，L はいくつになるか．

(2)　ひとつの四則演算をつねに 1 秒で行なうことができるとする．(1) の計算方法で $n = 10, 100, 1000$ の場合に，$f(x)$ の計算にどれだけ時間がかかるか．

(3)　公式 $1 + x + x^2 + \cdots + x^n = (1 - x^{n+1})/(1 - x)$ を利用すると，四則演算は何回必要か．また，$n = 10, 100, 1000$ の場合に，$f(x)$ の計算にどれだけ時間がかかるか．

[2]　以下の数値の先頭から 4 桁目を 4 捨 5 入して有効数字 3 桁の数に変換せよ．

(1) 1.2345　　(2) 135.79　　(3) 0.0054321

[3] $(a+b)-a$ の計算を有効数字 4 桁でこの式の順序通りに行なうとする．以下の a,
b に対して計算し，計算結果および真の答 b との相対誤差を求めよ．

(1) $a=1.23456$,　 $b=9.87654$

(2) $a=0.0123456$,　 $b=9.87654$

(3) $a=1234.56$,　 $b=9.87654$

[4] $f(x-2h)$ に対するテイラーの公式を導け．

[5] $f(x)=x^3$ のとき (1.16b) 式の右辺を計算せよ．また，このときの ξ を x と h で表
わせ．この結果から，ξ の値がたしかに x と $x+h$ の間にあることを確認せよ．

[6] 以下のアルゴリズムを実行すると答はいくつになるか．

(i) (1) $x:=0$ とする

(2) $\left\lceil \begin{array}{l} i:=1,2,\cdots,10 \text{ の順に} \\ \quad x:=x+i \\ \text{を繰り返す} \end{array} \right.$

(3) x を答とする

(ii) (1) $x:=1$,　 $y:=1$ とする

(2) $\left\lceil \begin{array}{l} \text{以下} \\ \quad x:=3x \\ \quad y:=2y \\ \quad \text{もし } x-y>10 \text{ ならばステップ (3) に移る} \\ \text{を繰り返す} \end{array} \right.$

(3) x を答とする

(iii) (1) $x:=0$ とする

(2) $\left\lceil \begin{array}{l} i:=1,2,\cdots,10 \text{ の順に} \\ \quad \left\lceil \begin{array}{l} j:=1,2,\cdots,10 \text{ の順に} \\ \quad x:=x+1 \\ \text{を繰り返す} \end{array} \right. \\ \text{を繰り返す} \end{array} \right.$

(3) x を答とする

2 方程式の根

関数 $f(x)$ が与えられたときに，方程式 $f(x)=0$ を満たす根 x を求めよという問題を考える．$f(x)$ が 4 次以下の多項式の場合には根の公式が存在する．しかし，一般にはそのような公式が存在しない．そこで数値計算では，$f(x)$ の符号や微分係数などの情報をたよりに，繰り返し計算によって根をすばやく追いつめていく．

2-1 方程式の根と 2 分法

方程式の根　この章では，x の任意の関数を $f(x)$ としたとき，

$$f(x) = 0 \tag{2.1}$$

を満たす根を求めるための数値計算法を紹介する．例えば，

$$f(x) = x^2+2x-1 = 0 \tag{2.2}$$

の根を求める問題を考える．この場合は 2 次方程式の根の公式によって，$x=-1\pm\sqrt{2}$ となる．さらに，この根の最初の 5 桁を求めたいなら，$\sqrt{2}$ の数値を知らなくても $\sqrt{}$ の開平算を知っていれば計算できる．ところが，$f(x)$ が 5 次以上の多項式の場合や，$f(x)=\exp(x)-x^2+\sin x$ などという場合は，2 次方程式のような便利な根の公式が存在しない．

しかしながら，根の公式がなくても，求める桁まで根を計算することはそれ

ほど難しくはない．ただし，前提として任意の x に対して $f(x)$ の値を正確に計算できるとする．例えば，

$$x^2 = 11 \qquad (2.3)$$

を満たす正の x を求める問題を考えよう．この問題は，$f(x)=x^2-11=0$ を満たす正の根を求める問題と同じである．もちろん $x=\sqrt{11}$ であり，開平算を用いれば計算できるが，ここではあえてその方法を採用しない．

まず，求める正の根を α とし，α のおおよその見当をつけると $3^2=9$，$4^2=16$ であるから $3^2<11<4^2$ となり，$3<\alpha<4$ であることがわかる．では，α は $3.0\cdots,3.1\cdots,\cdots,3.9\cdots$ のどれであろうか．とりあえず 3 と 4 の中をとって 3.5 の 2 乗を計算すると，$(3.5)^2=12.25$ となる．これで，$3<\alpha<3.5$ であることがわかる．つぎに 3 と 3.5 の中間の値 3.25 を候補にしよう．$(3.25)^2=10.5625$ なので $3.25<\alpha<3.5$ であることがわかる．以下，α の上限と下限の平均値の 2 乗を計算していくと，次第に α の存在する範囲を狭めていくことができる．結果は以下のとおりである．

$$3 < \alpha < 4 \quad\rightarrow\quad \frac{3+4}{2} \quad= 3.5, \qquad (3.5)^2 \quad= 12.25$$

$$\therefore \quad 3 < \alpha < 3.5 \quad\rightarrow\quad \frac{3+3.5}{2} \quad= 3.25, \qquad (3.25)^2 \quad= 10.56\cdots$$

$$\therefore \quad 3.25 < \alpha < 3.5 \quad\rightarrow\quad \frac{3.25+3.5}{2} = 3.375, \qquad (3.375)^2 = 11.39\cdots$$

$$\therefore \quad 3.25 < \alpha < 3.375 \rightarrow \frac{3.25+3.375}{2} = 3.3125, \quad (3.3125)^2 = 10.97\cdots$$

$$\therefore \quad 3.3125 < \alpha < 3.375 \rightarrow \ \cdots\cdots \qquad\qquad\qquad\qquad (2.4)$$

上の最後の結果から，少なくとも $\alpha=3.3\cdots$ であることが確定している．

　2分法の原理　　**2分法**（bisection method）は，まさに上の手順をアルゴリズムで表現した方法である．ただし，数学的な考察がもうすこし必要となる．いま，$f(x)$ が与えられて $f(x)=0$ の根を求める問題があるとする．根は 2 次方程式のように複数個あるかもしれないが，とにかく 1 つの根が計算できればよいとする．まず，2 分法では以下に示す**中間値の定理**（intermediate value theorem)が基礎となる.

　もし, $f(a)<0$, $f(b)>0$ となる a, b が存在すれば, $f(\alpha)=0$ となる

　ような根 α が a と b の間に少なくとも1つ存在する.

なぜならば, 図2-1に示すように点 $(a, f(a))$ は x 軸の下側にあり, 点 $(b,$
$f(b))$ は x 軸の上側にあるので, $y=f(x)$ のグラフは $x=a$ と $x=b$ の間で少な
くとも1回は x 軸と交わるからである. この図では $a<b$ となっているが, a
$>b$ の場合も定理は成立する. 一方, $f(a)$, $f(b)$ がともに正もしくはともに負
の場合, $f(\alpha)=0$ を満たすような α が a と b の間に存在するかどうかは保証
されない.

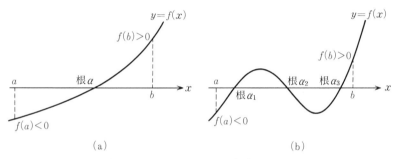

図2-1　中間値の定理.（a）1つの根が存在する場合,（b）3つの
根が存在する場合

　では, 2分法のアルゴリズムを以下に示す. ただし, このアルゴリズムは終
了条件が不十分なので未完成である.

（1）　$f(a)<0$, $f(b)>0$ を満たすように変数 a, b の値を設定する

（2）

以下

　　$c := (a+b)/2$

　　$fc := f(c)$

　もし
$$
\begin{cases}
fc>0 & \text{ならば} \quad b:=c \\
fc<0 & \text{ならば} \quad a:=c \\
fc=0 & \text{ならば} \quad \text{ステップ(3)に移る}
\end{cases}
$$

を繰り返す

（3）　c を答とする

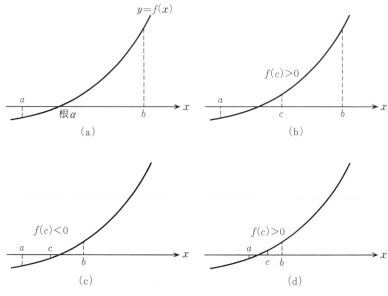

図2-2 2分法のアルゴリズム

アルゴリズムの流れを図2-2の具体例を参照しながら説明する．まず，ステップ(1)の条件を満たすa, bを求めれば，中間値の定理よりaとbの間に少なくとも1つ根が存在する（図2-2(a)）．次に，ステップ(2)でaとbの平均値cを求め，$f(c)$の値を変数fcに代入する（図2-2(b)）．もし$f(c)=0$ならば，cが根であるのでcを答として計算を終了する．しかし，このような偶然はめったに起こらない．$f(c)>0$ならば，中間値の定理よりaとcの間に根が確実に存在するので，$b:=c$とし，$f(c)<0$ならば，cとbの間に根が確実に存在するので，$a:=c$とする（図2-2(c)）．これにより，根をはさむ新たな範囲(a, b)は元の半分に狭まることになる．この手続きをもう1回繰り返すと，根をはさむ範囲が元の1/4に狭まる（図2-2(d)）．こうして手続きを繰り返していけば，根をはさむ範囲がどんどん狭まっていき，範囲の中間点であるcは根に収束していく．

2分法の収束判定条件　しかし，これでは$f(c)=0$となるcがたまたま見つからなければステップ(2)の繰り返し手続きが終了しない．そこで，根を必

要な桁数まで計算できたと見極めて，計算を途中で打ち切るための条件を設け
る．この条件は**収束判定条件**（convergence criterion）とよばれる．収束判定
条件として何種類か考えられるが，ここでは計算される根の近似値と真の根と
の誤差で判定することにする．いまステップ(2)の繰り返しの途中の a と b を
考え，$c=(a+b)/2$ とする．根は a, b の間にあるのだから，c と根との距離は
せいぜい $|a-b|/2$ である．図2-3にその状況を示す．そこで，ある正数 ε を
考え，$|a-b|/2<\varepsilon$ になれば計算を打ち切って，c を答にする．すると c と真
の根との誤差はせいぜい ε である．

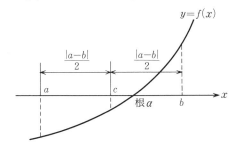

図2-3 2分法の誤差

2分法のアルゴリズム　　上の収束判定条件を取り入れた改良アルゴリズム
を以下に示す．

(1)　$f(a)<0,\ f(b)>0$ を満たすように変数 a, b の値を設定する
　　　正数 ε を設定する

(2)　以下
　　　　$c:=(a+b)/2$
　　　　$|a-b|/2<\varepsilon$ ならば，ステップ(3)に移る
　　　　$fc:=f(c)$
　　　もし $\begin{cases} fc>0 & \text{ならば}\quad b:=c \\ fc<0 & \text{ならば}\quad a:=c \\ fc=0 & \text{ならば}\quad \text{ステップ(3)に移る} \end{cases}$
　　　を繰り返す

(3)　c を答とする

2分法の計算量　　次に，このアルゴリズムで必要となる計算量を計算の手

間によって見積もる．ステップ(2)で繰り返しを1回行なうごとに$f(c)$は1回だけ計算すればよい．そして，四則演算や条件判断の計算の手間よりは$f(c)$の計算の手間の方が一般にずっと大きい．そこで，ステップ(2)の繰り返しを1回行なうのに要する計算量を，$f(c)$を1回計算するための手間にほぼ等しいとみなすことにする．すると，終了するまでに何回$f(c)$を計算するかで全体の計算量を見積もることができる．ただし，ステップ(2)での$f(c)=0$という条件はまれにしか成立しないので，考慮から除外する．

ステップ(2)の繰り返しを1回実行すると区間(a, b)（もしくは(b, a)）の幅は半分になる．ゆえに計算を終了するまでに要する$f(c)$の計算回数は，

$$\frac{|a-b|}{2^{N+1}} < \varepsilon \tag{2.5}$$

を満たす最小のNであることになる．すなわち，

$$N > \log_2\left(\frac{|a-b|}{\varepsilon}\right) - 1 \tag{2.6}$$

を満たす最小のNである．

以上のように，2分法は1回の手続きごとに確実に根を追いつめていき，計算量を(2.6)式であらかじめ見積もることができる．次の節で説明するニュートン法より速さの点で劣るが，安全確実な方法である．

2分法の計算例　　最後に，$f(x)=e^{-x}-x^2=0$の根を求める具体例を示す．根が1つだけ存在することは関数の増減表を作ってみればわかる．$f(0)=1>0$，$f(1)=e^{-1}-1<0$なので，最初のa, bをそれぞれ$1, 0$としよう．また，根を小数点以下5桁まで正確に計算するために，εの値をすこし厳しく5×10^{-6}とする．これらの初期設定で2分法を用いて計算を行なった結果を表2-1に示す．表では繰り返しによって新たに計算されるcの値を並べており，真の根と一致していない数値部分に網掛けを施している．

$\log_2\left(\dfrac{|a-b|}{\varepsilon}\right)-1=16.609\cdots$なので，計算終了までに必要な$f(c)$の計算回数は17回である．表では18回の繰り返しで計算が終了しているが，18回目は収束判定条件を満して計算が終了し，$f(c)$を計算していないのでつじつまが合う．また，得られた根の近似値は$0.7034645\cdots$であり5桁までは正確な値である．

表2-1 $e^{-x}-x^2=0$ の根を2分法で
計算した結果

n	c	n	c
1	0.5000000	10	0.7041015
2	0.7500000	11	0.7036132
3	0.6250000	12	0.7033691
4	0.6875000	13	0.7034912
5	0.7187500	14	0.7034301
6	0.7031250	15	0.7034606
7	0.7109375	16	0.7034759
8	0.7070312	17	0.7034683
9	0.7050781	18	0.7034645

真の根は 0.7034674…

2-2 ニュートン法

ニュートン法の原理　2分法を安全確実な方法とすると，ニュートン法
（Newton's method）はやや安定性に欠けるが高速な解法といえる．ニュート
ン法の計算の原理は2分法と異なり，接線を利用している．まず，図2-4のよ
うに $y=f(x)$ のグラフの根 α の付近の領域を考える．そして，x の適当な初期
値 x_0 をとる．次に点 $(x_0, f(x_0))$ でグラフに接する接線を引く．この接線と x

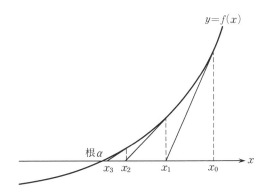

図2-4　ニュートン法の計算手順

軸との交点の x 座標を x_1 とする.さらにグラフ上の点 $(x_1, f(x_1))$ でふたたび接線を引き,x 軸との交点の x 座標を x_2 とする.以下この手続きを繰り返す.n 番目に求められた x 軸との交点を x_n とすると,点 $(x_n, f(x_n))$ における接線の式は

$$y = f'(x_n)(x - x_n) + f(x_n) \tag{2.7}$$

である.この式の $y=0$ のときの x を求めれば,それが x_{n+1} であるので

$$x_{n+1} = x_n - \frac{f(x_n)}{f'(x_n)} \tag{2.8}$$

となる.

　関数 $f(x)$ が与えられたとき,導関数 $f'(x)$ を求めることは一般に難しくはない.ゆえに x_n が与えられれば(2.8)式の右辺は直ちに計算できる.こうして x_0 から(2.8)式を用いて $x_1, x_2, \cdots$ を順に計算できる.そして,図 2-4 のように,うまくいけば n が大きくなるにつれて x_n が根に近づいていくのである.ただし計算途中で $f'(x_n)=0$ となることはないとする.さて,$n \to \infty$ で x_n がある値 a に収束したとする.すると,(2.8)式より $a = a - \dfrac{f(a)}{f'(a)}$ となり,$f(a)=0$ となるのでたしかに x_n の収束値は根である.

ニュートン法の収束判定条件　　次に,ニュートン法の繰り返し計算の収束判定条件について考える.じつは,ニュートン法では 2 分法と違って現在の x_n の値が真の根にどれだけ近づいているかを知る確実な方策がない.そこで次善の策として,ある正数 ε を設定し,

$$\left| \frac{x_{n+1} - x_n}{x_{n+1}} \right| < \varepsilon \tag{2.9}$$

となった時点で計算を終了して x_{n+1} を答とすることにする.この条件の意味は次のとおりである.実際の数値計算の例ではないが,表 2-2 に示すように x_n の値が計算されたとしよう.

　われわれは真の根を知らない.しかし,この表から n が大きくなるにつれて x_n の変動がだんだん下の桁に移っていく様子がうかがえ,x_n がある値に

表 2-2　x_n が収束していく例

n	x_n
0	4.000000000
1	3.197252957
2	3.141865232
3	3.141598596
4	3.141592678
5	3.141592653

収束していきそうである．そして，x_n と x_{n+1} の数値が先頭の桁から一致して
いる部分を観察すると，n が1増えるごとに一致する桁数が2桁ずつ増えてい
くことがわかる．そこで，x_4 と x_5 の結果から収束値は 3.1415926… であると
予想することができる．すなわち x_4 と x_5 との一致する部分を答にしたのであ
る．

　では，x_n と x_{n+1} との差に注目して，もし5桁一致した時点で計算を終了し
たいならば，いまの場合収束値が 3.… で始まることがわかっているので，収
束判定条件を $|x_{n+1}-x_n|<0.0001$ とすればだいたいよいであろう．しかし，
この条件では収束値の先頭の桁がどこにあるかをあらかじめ知っていなければ
ならない．それを避けるためには，$|x_{n+1}-x_n|<10^{-5}|x_{n+1}|$ とすればほぼ解決
する．すなわち x_{n+1} と x_n の違いが x_{n+1} の大きさの $1/10^5$ 未満になった時点
で終了するのである．この条件を一般化したものが (2.9) 式である．(2.9) 式で
x_n と x_{n+1} が N 桁一致した時点で計算を終了したければ，$\varepsilon=10^{-N}$ とすると目
的がほぼ達成されるのである．

　ニュートン法のアルゴリズム　　上の収束判定条件を含めたニュートン法の
アルゴリズムを以下に示す．x_{n+1} の計算には x_n の値だけが必要なので，すべ
ての x_n を記憶するための変数を準備する必要はなく，現在の x_n と次の x_{n+1}
の値を記憶する2つの変数だけを用意すればよい．

(1)　初期値 x を設定する．ε を設定する

(2)　以下
　　　$new\_x := x - f(x)/f'(x)$
　　　$|new\_x - x| < \varepsilon|new\_x|$ ならば，ステップ(3)に移る
　　　$x := new\_x$
　　を繰り返す

(3)　new_x を答とする

　上のアルゴリズムで x は x_n の，new_x は x_{n+1} の役割を果たしている．

　ニュートン法の計算例　　前節で $f(x)=e^{-x}-x^2=0$ の根を2分法を用いて
小数点以下5桁求めるには，$f(x)$ の計算を17回行なう必要があった．同じ

表2-3 $e^{-x} - x^2 = 0$ の根をニュートン法で計算した結果

n	x_n
0	1
1	0.733043605245445
2	0.703807786324133
3	0.703467468331797
4	0.703467422498392

真の根は 0.703467422498391…

$f(x)$ の根をニュートン法を用いて求めるとどうなるであろうか. ただし, 出発値 x_0 として2分法で用いた初期値の片方の $x=1$ を用いることにする. また有効数字5桁求めるため $\varepsilon = 10^{-5}$ とする. 計算結果は表2-3のとおりである.

x_3 と x_4 は7桁一致しているので, x_4 まで計算して終了している. しかし, x_3 の時点ですでに真の根と7桁一致しており, x_4 は14桁一致している. x_4 は倍精度実数が表現可能な範囲ぎりぎりである.

ニュートン法の計算量　　ニュートン法では1回の繰り返し計算に $f(x)/f'(x)$ の計算を1回行なう. これを1つの関数にまとめてもよいが, $f(x)$ と $f'(x)$ を別々に計算したとすると, 合計2回の関数計算を行なう. 表2-3の計算結果では, 7桁正しい x_3 の答が出た時点で6回の関数計算を行なうことになる. もし2分法で同等の結果を出そうとすると, 前節の2分法の収束判定条件の ε を少なくとも 10^{-7} にする必要があり, 初期の a, b を 1, 0 とするなら関数計算を23回行なわなければならない. $f(x)$ と $f'(x)$ を別々に計算したとしてもニュートン法の方が約4倍も速いのである.

では, ニュートン法がこのように高速な解法である理由を説明する. 根を α とし, x_n と α との誤差を $\varepsilon_n = x_n - \alpha$ とする. このとき ε_n と ε_{n+1} との関係を調べよう. まず, (2.8)式より

$$\varepsilon_{n+1} = x_{n+1} - \alpha = x_n - \frac{f(x_n)}{f'(x_n)} - \alpha = \varepsilon_n - \frac{f(x_n)}{f'(x_n)} \tag{2.10}$$

となる. また, $x_n = \alpha + (x_n - \alpha) = \alpha + \varepsilon_n$ と書き換えることができるので, テイラーの公式(1.16)式より

$$\begin{cases} f(x_n) = f(\alpha) + \varepsilon_n f'(\alpha) + \dfrac{\varepsilon_n^2}{2} f''(\alpha) + \dfrac{\varepsilon_n^3}{6} f'''(\xi_1) \\[2mm] f'(x_n) = f'(\alpha) + \varepsilon_n f''(\alpha) + \dfrac{\varepsilon_n^2}{2} f'''(\xi_2) \end{cases} \tag{2.11}$$

が成立する. ξ_1, ξ_2 はそれぞれ x_n と α の間の数である. この式を(2.10)式に代入し, $f(\alpha)=0$ を考慮すると,

$$\begin{aligned} \varepsilon_{n+1} &= \varepsilon_n - \frac{\varepsilon_n f'(\alpha) + \dfrac{\varepsilon_n^2}{2} f''(\alpha) + \dfrac{\varepsilon_n^3}{6} f'''(\xi_1)}{f'(\alpha) + \varepsilon_n f''(\alpha) + \dfrac{\varepsilon_n^2}{2} f'''(\xi_2)} \\[3mm] &= \frac{\varepsilon_n^2}{2} \times \frac{f''(\alpha) + \varepsilon_n f'''(\xi_2) - \dfrac{\varepsilon_n}{3} f'''(\xi_1)}{f'(\alpha) + \varepsilon_n f''(\alpha) + \dfrac{\varepsilon_n^2}{2} f'''(\xi_2)} \end{aligned} \tag{2.12}$$

となる. もし, n 回目の繰り返しで x_n が十分 α に近づいているならば, すなわち, ε_n が十分小さければ, 分母・分子の ε_n 以降の項を無視して

$$\varepsilon_{n+1} \doteqdot \frac{f''(\alpha)}{2f'(\alpha)} \varepsilon_n^2 \tag{2.13}$$

と評価できる. ただし, $f'(\alpha) \neq 0$ でなければならない.

(2.13)式によってニュートン法が高速な解法であることがわかる. 例えば, さきほどの例の $f(x) = e^{-x} - x^2$ を用いて(2.13)式の意味するところを考えよう. 根 $\alpha = 0.70346\cdots$ とわかっているので $f''(\alpha)/2f'(\alpha) = 0.395\cdots$ となる. したがって, (2.13)式より $\varepsilon_{n+1} \doteqdot 0.4\varepsilon_n^2$ となる. これより, もし x_n と根 α との差が 10^{-p} ならば, x_{n+1} と α との差はだいたい 0.4×10^{-2p} であることになる. すなわち, x_n が小数点以下 p 桁正しい近似値であるとすると, x_{n+1} は少なくとも約 $2p$ 桁正しいことになる. 表2-3の計算例もほぼこのことを裏付けている. ただし, 以上の議論は x_n が α に十分近づいており, かつ $f'(\alpha) \neq 0$ の場合に成立する. $f'(\alpha) = 0$ すなわち α が重根の場合は根への収束の速さがかなり落ちる(第2章演習問題 [5], [6]).

ニュートン法の短所　ニュートン法は2分法と比べて計算に失敗する可能性が割合大きい. 失敗する主な原因は, 与えられた $f(x)$ と初期値 x_0 とに由来

している．図 2-5 にニュートン法が失敗する例を，図 2-6 に成功する例を挙げる．図 2-5 では以下に述べる原因によりニュートン法が失敗する．順次計算される x_n が根からどんどん遠ざかってしまう（(a)，(b)の場合）．ある x_n で $f'(x_n)$ の値が 0 に近くなり，x_{n+1} が根から非常に遠くへ飛ばされてしまう（(c)の場合）．ところが，図 2-5 の(a)〜(c)のすべての失敗例において，もし x_0 をもっと根の近くにとっていれば根に収束したであろうということが，図 2-6 の成功例から推測できる．このことから，2 分法で根に十分近い近似値を求めておき，その近似値を出発値としてニュートン法を適用するというような方法が考えられる．ここではとりあえず，x_n を順次画面に表示し，根への収束を見定めるという，原始的ではあるがかなり確実な方法をおすすめする．

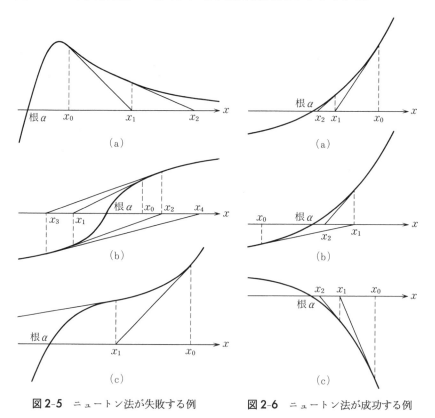

図 2-5　ニュートン法が失敗する例　　図 2-6　ニュートン法が成功する例

第2章　演習問題

[1]　(1) $f(x)=\cos x-x^2=0$, (2) $f(x)=\exp(-x^2)-\sin x=0$ の根のうち $0<x<1$ を満たすものを，それぞれ2分法とニュートン法を用いて6桁正確に求めよ．

[2]　$f(x)=(x-1)(x-2)(x-3)=0$ の根を2分法で求める．根は $1,2,3$ の3つである．初期値 a,b を (1) $(a,b)=(2.5,1.5)$, (2) $(a,b)=(-2,5)$ とした場合，どの根が計算されるか．

[3]　前問 [2] と同じ $f(x)$ について $f(x)=0$ の根をニュートン法で求める．初期値 x_0 を (1) $x_0=-2$, (2) $x_0=2.8$ とした場合，どの根が計算されるか．

[4]　前々問 [2] と同じ $f(x)$ について $f(x)=0$ の根をニュートン法で求める．初期値 x_0 を 1.53 から 1.56 まで 0.01 刻みで変えていったとき，根を有効数字6桁までそれぞれ計算せよ．

[5]　$f(x)=(x-1)(x-2)^2=0$ の根は1と2である．これらの根をニュートン法によって求める．初期値を $x_0=0$ および 3 として根を有効数字6桁まで求めよ．また，x_n の根への収束の速さを両方の場合で比較せよ．

[6]　前問 [5] で根 $x=2$ は重根である．すると (2.13) 式の評価は $f'(\alpha)=0$ となって成立しない．この場合の ε_{n+1} と ε_n の関係を示せ．

3 曲線の推定

われわれが関数のグラフを描く場合に，いくつかの座標で関数値を調べてグラフ上の点を求め，それらの点を滑らかに結ぶ．このように，少ない点の情報から元の関数や曲線を推定する方法をこの章で説明する．われわれが点の分布からグラフの形を想像するのと同様のことを，数値計算で自動的に行なうのである．

3-1 曲線の推定

曲線の推定とは　いま，xy 平面上に図 3-1 のように 3 点 $(x_0, y_0), (x_1, y_1)$, (x_2, y_2) が与えられているとする．さらに，この 3 点はある関数のグラフ上の点であるとする．このとき元の関数のグラフを推定することを考えよう．ただし，関数やその導関数は連続であるとする．われわれが目と手で推定するときはどうするであろうか．曲線 a, b のように 3 点から曲線の変化を読みとって滑らかに結ぶかもしれない．あるいは，どうせ 3 点しか情報が与えられていないのだからと，曲線 c のように滑らかではあるが激しく変化する曲線で結ぶかもしれない．

もともと 3 点の情報しかないので，どの曲線が最も正解に近いかは，判断しようがない．しかしながら，もし曲線 c が最も正解に近いとすると，元の 3 点

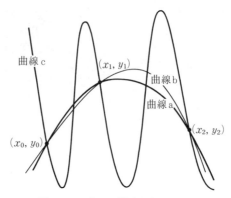

曲線c

(x_1, y_1)

曲線b

曲線a

(x_2, y_2)

(x_0, y_0)

図 3-1 3点から推定されたグラフ

があまりにまばらに与えられていて問題の設定自身に無理がある．そこで，曲線cのような極端な場合は考えないとする．それでも，残りの2つの曲線a, bのどちらがよいかは判断できない．ところが，曲線cと比較して考えると，この2つの曲線は明らかに似ている．ということは，元の3点の間で曲線がそれほど変化しないとすると，曲線aでも曲線bでもある程度正解に近いということが期待できる．

　この章の第1番目の問題として，上の問題をもっと一般化した以下の問題を考える．

　　xy 平面上に $N+1$ 個の点 $(x_0, y_0), (x_1, y_1), \cdots, (x_N, y_N)$ が与えられて

　　いるとする．このとき，これらの点すべてを通る曲線を推定せよ．

この問題に対する答はさまざまな応用が考えられる．例えば，数値計算や実験で得られたデータから元の関数を推定してグラフを作る，あるいは，幾何学的なデザインにおいて指定した点から滑らかな曲線を生成する，などである．

　どのような曲線が最もよい曲線であるかは，応用する目的に応じて変わりうる．逆に，目的に応じた曲線の推定法がいろいろ考えられている．そこで，曲線のよさについては，与えられた点の間で激しく変化しないことを前提にするという程度にとどめる．3-2, 3-3節で曲線の推定法を2つ紹介する．

　もうひとつの曲線の推定　　この章の第2番目の問題は，実験や統計で得られたデータに対してしばしば行なわれる処理に関するものである．例えば，あ

る因果関係にある2つの変数 x と y を仮定する．具体的には，実験の入力値と出力値などがこれに相当する．いま，x を入力値，y を出力値とし，x と y の間には比例関係の理論式 $y=ax$ が成立するとしよう．a は未知の比例定数であり，a の値を求めることがこの問題の目的である．実験を行なって，図3-2の黒丸のようなデータ点が得られたとする．ところが，実験では入出力値にしばしば誤差が含まれている．また，理論式 $y=ax$ 自体が細かい要因を除外した大ざっぱなものである場合も考えられる．これらの状況では，データ点すべてが1本の直線の上にきちんと載ることはあり得ない．このとき，グラフ用紙にプロットしたデータ点に定規をあてて $y=ax$ の直線を推定するという方法がしばしば利用される．直線は図3-2の直線のようにすべてのデータ点の近くをだいたい通るようなものである．そして，この直線の傾きから未知定数 a を求めるのである．

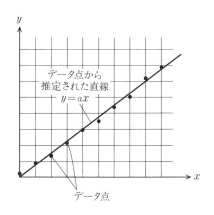

図3-2 データ点から推定
された直線 $y=ax$

　与えられたデータ点と理論式から比例定数 a を数値計算によって推定しようとするならば，いかにして「すべてのデータ点の近くをだいたい通るように」推定するかが問題となる．そこで，3-4節では最小2乗法とよばれる方法を紹介し，未知定数決定までの手続きを説明する．また，理論式が $y=ax$ 以外の場合についての応用も紹介する．なお，この節で紹介した曲線の推定を総称して**曲線のあてはめ**(curve-fitting)という．

3-2 ラグランジュ補間

ラグランジュの補間多項式　xy 平面内に図 3-3 のように $N+1$ 個の点 $(x_0, y_0), (x_1, y_1), \cdots, (x_N, y_N)$ が与えられているとする。ただし，$i \neq j$ のとき $x_i \neq x_j$ とする。このとき，これらの点すべてを通る曲線を x のたかだか N 次の多項式 $p_N(x)$

$$p_N(x) = \sum_{j=0}^{N} a_j x^j = a_0 + a_1 x + \cdots + a_N x^N \tag{3.1}$$

を用いて，曲線 $y = p_N(x)$ の形で生成することを考える。$p_N(x)$ は与えられた $N+1$ 個の点を通らなければならないので，

$$p_N(x_j) = y_j \qquad (j = 0, 1, \cdots, N) \tag{3.2}$$

を満たさなければならない。

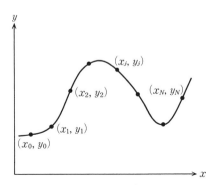

図 3-3　$N+1$ 個の点を通る曲線

　最も簡単な例として $N=1$ の場合，すなわち，2 点 $(x_0, y_0), (x_1, y_1)$ が与えられた場合を考える。このとき $p_1(x) = a_0 + a_1 x$ であるので，$y = p_1(x)$ は直線となる。また，a_0, a_1 は

$$\begin{cases} a_0 + a_1 x_0 = y_0 \\ a_0 + a_1 x_1 = y_1 \end{cases} \tag{3.3}$$

を解いて，$a_0 = (x_1 y_0 - x_0 y_1)/(x_1 - x_0)$，$a_1 = (y_1 - y_0)/(x_1 - x_0)$ となる。ゆえに，

$$p_1(x) = \frac{x_1 y_0 - x_0 y_1}{x_1 - x_0} + \frac{y_1 - y_0}{x_1 - x_0} x = \frac{x - x_1}{x_0 - x_1} y_0 + \frac{x - x_0}{x_1 - x_0} y_1 \qquad (3.4)$$

となる．同様に，3 点 $(x_0, y_0), (x_1, y_1), (x_2, y_2)$ が与えられたときは，$p_2(x) = a_0 + a_1 x + a_2 x^2$ であり，曲線 $y = p_2(x)$ は $a_2 \neq 0$ であれば放物線となる．a_0, a_1, a_2 は

$$\begin{cases} a_0 + a_1 x_0 + a_2 x_0^2 = y_0 \\ a_0 + a_1 x_1 + a_2 x_1^2 = y_1 \\ a_0 + a_1 x_2 + a_2 x_2^2 = y_2 \end{cases} \qquad (3.5)$$

を解いて求めることができ，

$$p_2(x) = \frac{(x-x_1)(x-x_2)}{(x_0-x_1)(x_0-x_2)} y_0 + \frac{(x-x_0)(x-x_2)}{(x_1-x_0)(x_1-x_2)} y_1 + \frac{(x-x_0)(x-x_1)}{(x_2-x_0)(x_2-x_1)} y_2$$

$$(3.6)$$

となることが多少の計算を経て導かれる．図 3-4 に $(0.2, 0.3), (0.6, 0.8), (0.8, 0.4)$ の 3 点が与えられた場合の曲線 $y = p_2(x)$ を示す．

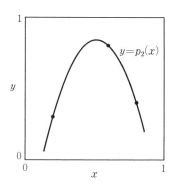

図 3-4　与えられた 3 点を通る曲線 $y = p_2(x)$

次に，一般の $N+1$ 点の場合について述べる．まず，関数 $l_j(x)$ を

$$l_j(x) = \frac{(x-x_0)(x-x_1)\cdots(x-x_{j-1})(x-x_{j+1})\cdots(x-x_N)}{(x_j-x_0)(x_j-x_1)\cdots(x_j-x_{j-1})(x_j-x_{j+1})\cdots(x_j-x_N)} \qquad (j = 0, 1, \cdots, N)$$

$$(3.7)$$

とする．右辺の分子には $x - x_j$ の項が，分母には $x_j - x_j$ の項が欠けていることに注意しよう．$l_j(x)$ は x の N 次多項式であり，かつ，

$$l_j(x_i) = \begin{cases} 1 & (i=j) \\ 0 & (i\neq j) \end{cases} \tag{3.8}$$

を満たす. そこで, $p_N(x)$ を

$$p_N(x) = \sum_{j=0}^{N} y_j\, l_j(x) \tag{3.9}$$

と定義すると, $p_N(x)$ はたかだか N 次の多項式であり, 同時に

$$p_N(x_j) = y_j \qquad (j=0,1,\cdots,N) \tag{3.10}$$

を満たす. この $p_N(x)$ を, N 次のラグランジュの補間多項式(Lagrange's interpolating polynomial)という. 補間という言葉の意味はこのあとすぐに述べる. 図3-5の実線は, $N=6$ とし, $(x_j,y_j)=(0.5+j,\ \sin(0.5+j))$ $(j=0,1,\cdots,6)$ の7点を与えたときに6次のラグランジュの補間多項式によって生成されたものである.

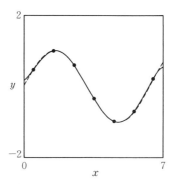

図3-5 $(0.5+j,\ \sin(0.5+j))$ $(j=0,1,\cdots,6)$ の7点を通る曲線 $y=p_6(x)$(実線)と曲線 $y=\sin x$(破線)

補間 曲線を推定するということは, 与えられた点以外の曲線上の点を推定することである. ということは, 曲線の推定は見方を変えると次のような問題に応用できる.

いま, x のある未知関数 $f(x)$ を仮定する. その関数の値は, 異なる $N+1$ 個の x 座標 $x=x_j$ $(j=0,1,\cdots,N)$ に対してのみわかっているとする. すなわち, $y_j=f(x_j)$ とすると, $f(x)$ のグラフについては $N+1$ 個の点 (x_j,y_j) だけがわかっている. このとき, $x=x_j$ 以外での関数

$f(x)$ の値を推定せよ.

もちろん関数 $f(x)$ 自体は未知であり, $f(x_j)$ の値だけを手がかりに推定しなければならない. このように, 関数の値を与えられた点以外で推定することを**補間**(interpolation)という. ラグランジュの補間多項式による補間は**ラグランジュ補間**とよばれる. 前の図 3-5 の黒丸で示した点はすべて $y = \sin x$ を満たしている. 図中の破線は $y = \sin x$ のグラフであり, 左端と右端の黒丸にはさまれた領域では補間多項式による曲線(実線)とほとんど重なっている. これからも, ラグランジュの補間多項式によって生成された曲線が補間としての役割を果たしていることがわかる.

ラグランジュ補間の誤差 次に, ラグランジュの補間多項式が関数を補間する場合の誤差について述べる. ただし, $x_0 < x_1 < \cdots < x_N$ を仮定しておく. すると, 関数 $f(x)$ とラグランジュの補間多項式 $p_N(x)$ との誤差 $f(x) - p_N(x)$ について,

$$f(x) - p_N(x) = \frac{f^{(N+1)}(\xi)}{(N+1)!}(x - x_0)(x - x_1) \cdots (x - x_N) \qquad (x_0 < x < x_N)$$

$$(3.11)$$

を満たす $x_0 < \xi < x_N$ の範囲の ξ が存在することを証明できる. $f^{(N+1)}(x)$ は $f(x)$ の $N+1$ 階導関数であり, ξ は x, x_j に依存する.

例えば, 表 3-1 に示す正弦関数 $\sin x$ の数表を考える. この表から $\sin 29.5°$ の値をラグランジュ補間によって計算することにする. まず $29°$ と $30°$ での値から 1 次の補間多項式(3.4)を用いて計算をする. すると,

表 3-1 $\sin x$ の値

x	$\sin x$
$29°$	0.484810
$30°$	0.500000
$31°$	0.515038

$$p_1(29.5°) = \frac{1}{2}(\sin 29° + \sin 30°) = 0.492405 \qquad (3.12)$$

となる. この値は何桁ぐらい信用できるのであろうか. (3.11)式を用い, 角度の単位をラジアンに換算して

$$|\sin 29.5° - p_1(29.5°)| = \frac{|\sin \xi|}{2}\left(\frac{\pi}{180°}\right)^2 |(29.5° - 29°)(29.5° - 30°)|$$

$$\leqq \frac{1}{2}\left(\frac{\pi}{180°}\right)^2 |(29.5° - 29°)(29.5° - 30°)|$$

$$\doteqdot 3.81 \times 10^{-5} \tag{3.13}$$

となる．ただし，$|\sin \xi| \leqq 1$ であることを用いて粗く評価している．この評価式から小数点以下 4 桁ぐらいは信用できそうである．実際，$\sin 29.5°$ の真の値は 0.4924235… であるので，$p_1(29.5°)$ の値は 4 桁正しい．

では 29°, 30°, 31° の 3 点での値から，2 次の補間多項式を用いて 29.5° での値を計算するとどうなるであろうか．誤差は

$$|\sin 29.5° - p_2(29.5°)| = \frac{|\cos \xi|}{3!}\left(\frac{\pi}{180°}\right)^3 |(29.5° - 29°)(29.5° - 30°)(29.5° - 31°)|$$

$$\leqq 3.33 \times 10^{-7} \tag{3.14}$$

と評価できるので，少なくとも小数点以下 6 桁まで信用できる．表 3-1 の数値は 7 桁目を 4 捨 5 入した値なので 6 桁目は怪しいかもしれない．実際，$p_2(29.5°)$ を計算すると，(3.6)式から

$$p_2(29.5°) = \frac{3}{8}\sin 29° + \frac{3}{4}\sin 30° - \frac{1}{8}\sin 31° = 0.492424 \tag{3.15}$$

となり，真の値と有効数字 6 桁で一致している．

ラグランジュ補間の性質　ラグランジュの補間多項式は上の例のような低い次数の場合にはうまく働くが，高い次数の場合に非常に大きな誤差を伴うことがある．例えば，$-1 \leqq x \leqq 1$ の区間を N 等分し，$x_j = -1 + 2j/N$ $(j = 0, 1, \cdots, N)$ とする．そして，$f(x) = 1/(1 + 25x^2)$ を N 次の補間多項式で近似することを考える．図 3-6 に $f(x)$ と $p_{10}(x)$ を示す．$x = \pm 1$ 付近で $f(x)$ と $p_{10}(x)$ は大きく食い違っている．黒丸で示した点から目測で元の関数を推定するとき，$p_{10}(x)$ のようには推定しないであろう．実は，$N \to \infty$ としたとき $x = \pm 1$ 付近の有限の領域で $|f(x) - p_N(x)|$ が発散することが証明されている．この現象は**ルンゲ(Runge)の現象**とよばれる．このように，ラグランジュ補間は与えられた点の数が多いときにたちの悪い振舞いをすることがある．ラグランジュ

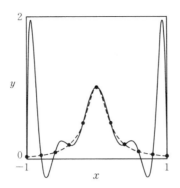

図 3-6 $y = \dfrac{1}{1+25x^2}$（破線）と $y = p_{10}(x)$（実線）

補間を何も考えずに使用するならば，低次の補間にとどめておくべきである．

3-3 スプライン補間

スプライン　ラグランジュ補間では，$N+1$ 個の点を通る曲線を N 次多項式で生成した．しかし，前節の終わりで述べたように，点の数が多くなると隣り合う点の間の曲線が激しく振動する現象が起こりうる．そこで，例えば隣り合う 3 点ずつを組にして，区分的に 2 次のラグランジュ補間を行なう方法が考えられる．図 3-7 にその一例を示す．しかしながら，この方法では図 3-7 の左から 3, 5, 7, 9 番目の点のように，隣り合う区間の境界となるところで曲線の傾きが不連続になる．

スプライン補間（spline interpolation）ではこの考えをもう 1 歩進めて，滑らかな曲線同士を区間の境界でも滑らかに接続する．ここでは，実用上よく用いられる 3 次のスプライン補間について説明する．まず，xy 平面内に $(x_0, y_0), (x_1, y_1), \cdots, (x_N, y_N)$ の $N+1$ 個の点が与えられているとする．ただし，$x_0 < x_1 < \cdots < x_N$ とする．そして，3 次スプライン補間によって得られる曲線を $y = S(x)$ とする．$S(x)$ は 3 次の**スプライン**（spline）とよばれる．次に $S(x)$ は各区間 $[x_j, x_{j+1}]$（$j = 0, 1, \cdots, N-1$）で区分的に定義されているとする．そこで，

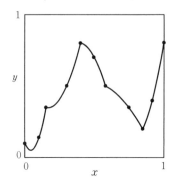

図3-7 区分的に2次のラグランジュ
補間を適用した例

$x_j \leqq x \leqq x_{j+1}$ の区間で $S(x)=S_j(x)$ とする．さらに，$S_j(x)$ は x の3次多項式

$$S_j(x) = a_j(x-x_j)^3 + b_j(x-x_j)^2 + c_j(x-x_j) + d_j$$

$$(j=0,1,\cdots,N-1) \qquad (3.16)$$

で与えられているとする．a_j, b_j, c_j, d_j は以下に述べる条件から定まる定数である．なお，3次スプラインの3次という語は3次多項式を用いることに由来している．

スプラインの条件　　さて，3次スプライン $S(x)$ に対して，以下の条件を与える．

(1)　曲線 $y=S(x)$ は連続であり，点 (x_j, y_j) $(j=0,1,\cdots,N)$ をすべて通る．

(2)　区間の境目すなわち $x=x_j$ $(j=1,2,\cdots,N-1)$ で，$y=S(x)$ の1階微分係数および2階微分係数が連続である．

この2つの条件は区間の境目における曲線の滑らかさを与えている．

上の条件を $S_j(x)$ に対する条件で具体的に表わす．まず，(1)の条件から

$$S_j(x_j) = y_j \qquad (j=0,1,\cdots,N-1) \qquad (3.17a)$$

$$S_j(x_{j+1}) = y_{j+1} \qquad (j=0,1,\cdots,N-1) \qquad (3.17b)$$

が導かれる．次に，(2)の条件から

$$S'_j(x_{j+1}) = S'_{j+1}(x_{j+1}) \qquad (j=0,1,\cdots,N-2) \qquad (3.17c)$$

$$S''_j(x_{j+1}) = S''_{j+1}(x_{j+1}) \qquad (j=0,1,\cdots,N-2) \qquad (3.17d)$$

となる．上の4つの条件から(3.16)式の定数 $a_j \sim d_j$ を決定する式が以下の手順により導かれる．

まず, $x=x_j$ における $S(x)$ の2階微分係数を

$$u_j = S''(x_j) \qquad (j=0,1,\cdots,N) \qquad (3.18)$$

と u_j で表わしておく. すると(3.16)式から

$$S_j''(x_j) = 2b_j = u_j \qquad (j=0,1,\cdots,N-1) \qquad (3.19)$$

となり,

$$b_j = \frac{u_j}{2} \qquad (j=0,1,\cdots,N-1) \qquad (3.20)$$

となる. さらに,

$$S_j''(x_{j+1}) = 6a_j(x_{j+1}-x_j)+2b_j = u_{j+1} \qquad (j=0,1,\cdots,N-1) \quad (3.21)$$

であるので

$$a_j = \frac{u_{j+1}-u_j}{6(x_{j+1}-x_j)} \qquad (j=0,1,\cdots,N-1) \qquad (3.22)$$

となる. また, $S''(x_j)$ の値を一意に u_j と定義したので, (3.19),(3.21)式から (3.17d)式が自動的に満足される.

(3.17a)式と(3.16)式から

$$d_j = y_j \qquad (j=0,1,\cdots,N-1) \qquad (3.23)$$

は明らかである. そして(3.17b)式から

$$a_j(x_{j+1}-x_j)^3+b_j(x_{j+1}-x_j)^2+c_j(x_{j+1}-x_j)+d_j = y_{j+1}$$
$$(j=0,1,\cdots,N-1) \qquad (3.24)$$

であるので, (3.20),(3.22),(3.23)式を代入して

$$c_j = \frac{y_{j+1}-y_j}{x_{j+1}-x_j} - \frac{1}{6}(x_{j+1}-x_j)(2u_j+u_{j+1}) \qquad (j=0,1,\cdots,N-1) \quad (3.25)$$

となる.

連立1次方程式の導出　　最後に残った(3.17c)式の条件は, (3.16)式から

$$3a_j(x_{j+1}-x_j)^2+2b_j(x_{j+1}-x_j)+c_j = c_{j+1} \qquad (j=0,1,\cdots,N-2) \quad (3.26)$$

と表わされる. これに(3.20),(3.22),(3.25)式を代入すると,

$$(x_{j+1}-x_j)u_j+2(x_{j+2}-x_j)u_{j+1}+(x_{j+2}-x_{j+1})u_{j+2}$$
$$= 6\left\{\frac{y_{j+2}-y_{j+1}}{x_{j+2}-x_{j+1}} - \frac{y_{j+1}-y_j}{x_{j+1}-x_j}\right\} \qquad (j=0,1,\cdots,N-2) \qquad (3.27)$$

という u_j に対する条件式が導かれる．(3.27)式を $j=0,1,\cdots,N-2$ の順に並べると，

$$
\begin{cases}
h_0u_0+2(h_0+h_1)u_1+\quad h_1u_2 \hspace{4.5cm} = v_1 \\
\quad h_1u_1 \quad +2(h_1+h_2)u_2+\quad h_2u_3 \hspace{2.6cm} = v_2 \\
\hspace{2cm}\cdots\cdots\cdots\cdots\cdots\cdots\cdots \\
\hspace{1.2cm} h_{N-2}u_{N-2}+2(h_{N-2}+h_{N-1})u_{N-1}+h_{N-1}u_N = v_{N-1}
\end{cases}
\tag{3.28}
$$

という $u_0, u_1, \cdots, u_N$ に関する連立1次方程式の形をしていることがわかる．ただし，

$$
\begin{aligned}
h_j &= x_{j+1}-x_j \hspace{2.5cm} (j=0,1,\cdots,N-1) \\
v_j &= 6\left\{ \frac{y_{j+1}-y_j}{h_j} - \frac{y_j-y_{j-1}}{h_{j-1}} \right\} \quad (j=1,2,\cdots,N-1)
\end{aligned}
\tag{3.29}
$$

とする．h_j, v_j は最初に与えられている x_j, y_j だけで定義されているので，(3.28)式では既知の定数である．

　スプラインの境界条件　　未知変数 u_j は全部で u_0 から u_N の $N+1$ 個あるが，(3.28)式の方程式の数が $N-1$ 個であるので，これだけでは u_j を一意に決定できない．そこで，曲線の両端の点 $(x_0,y_0),(x_N,y_N)$ で，それぞれ境界条件を新たに1つずつ付加する．境界条件にはいくつかの種類があり，曲線の形状を両端でどう設定するかによって決まる．ここでは，曲線の傾きの変化率が両端で0であるという条件を採用する．つまり，2階微分が0ということで，式で表わすと

$$
S''(x_0) = S''(x_N) = 0 \tag{3.30}
$$

すなわち

$$
S_0''(x_0) = S_{N-1}''(x_N) = 0 \tag{3.31}
$$

となる．この条件を課して定まるスプラインを**自然スプライン**(natural spline)という．

　すると，(3.18)式から $u_0=u_N=0$ となる．この境界条件を考慮して(3.28)式を行列で表現すると，

$$\begin{pmatrix} 2(h_0+h_1) & h_1 & & & \\ h_1 & 2(h_1+h_2) & h_2 & & \mathbf{0} \\ & \cdots\cdots & \cdots\cdots & \cdots\cdots & \\ \mathbf{0} & & h_{N-3} & 2(h_{N-3}+h_{N-2}) & h_{N-2} \\ & & & h_{N-2} & 2(h_{N-2}+h_{N-1}) \end{pmatrix} \begin{pmatrix} u_1 \\ u_2 \\ \vdots \\ u_{N-2} \\ u_{N-1} \end{pmatrix}$$

$$= \begin{pmatrix} v_1 \\ v_2 \\ \vdots \\ v_{N-2} \\ v_{N-1} \end{pmatrix} \tag{3.32}$$

というように，$u_1 \sim u_{N-1}$ に関する連立1次方程式になる．この連立1次方程式の左辺に現われる行列は係数行列であり，**3重対角**(tridiagonal)とよばれる特別な形をしている．この形の連立1次方程式を解く方法は7-3節で紹介するので，ここでは上の連立1次方程式を解いて $u_1 \sim u_{N-1}$ を求めることができたとする．すると，u_j および x_j, y_j から(3.20),(3.22),(3.23),(3.25)式を用いて a_j, b_j, c_j, d_j が，さらに，(3.16)式から $S_j(x)$ が得られるので，最終的にスプライン $S(x)$ が得られる．

　スプライン補間のアルゴリズムと計算例　　最初に $N+1$ 個の点 (x_j, y_j) を与えてからスプライン $S(x)$ を得るまでの，上に述べた手続きはすこし複雑であるので，導出の部分を省いて以下にまとめる．

（1）　$N+1$ 個の点 (x_j, y_j) $(j=0,1,\cdots,N)$ が与えられる．

（2）　3次スプライン $S(x)$ は，区分的に

$$S(x) = S_j(x) = a_j(x-x_j)^3 + b_j(x-x_j)^2 + c_j(x-x_j) + d_j$$
$$(x_j \leqq x \leqq x_{j+1})$$

　　であるとする．

（3）　$S''(x_j) = u_j$ $(j=0,1,\cdots,N)$ とする．

（4）　曲線の両端での境界条件を $S''(x_0)=S''(x_N)=0$ とする．これから $u_0=u_N=0$ となる．

（5）　(3.29)式から h_j $(j=0,1,\cdots,N-1)$，v_j $(j=1,2,\cdots,N-1)$ を計算し，連立1次方程式(3.32)式を解いて $u_1 \sim u_{N-1}$ を求める．

（6）　(3.20),(3.22),(3.23),(3.25)式を用いて a_j, b_j, c_j, d_j $(j=0,1,\cdots,N-1)$

を計算する. これから $S(x)$ が定まるので終了.

なお, 上の(4)の曲線の両端での境界条件は他にも考えられる. 例えば, 両端で曲線の傾きを指定するという条件である. α, β をそれぞれ $x=x_0$, $x=x_N$ における曲線の傾きの値であるとして,

$$S'(x_0) = \alpha, \qquad S'(x_N) = \beta \tag{3.33}$$

とする. この場合は(3.32)式の連立1次方程式を修正する必要がある(第3章演習問題[4]).

図3-7と同じ点を用いて3次スプライン補間によって得られた曲線の例を図3-8に示す. この曲線は2階微分係数までは連続であるが, より高階の微分係数は各点 (x_j, y_j) で連続ではない. しかしながら, 目で見るかぎり曲線は滑らかである.

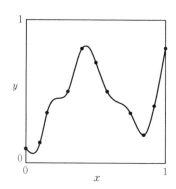

図3-8 3次スプライン補間によって得られた曲線

スプライン補間の精度　なお, 3次スプライン補間の精度に関して以下の定理が知られている. いま, 領域 $a \leqq x \leqq b$ を考える. そして, 点 (x_j, y_j) $(j=0, 1, \cdots, N)$ が与えられており, $a=x_0<x_1<\cdots<x_N=b$ であるとする. h を隣り合う点の間隔の最大値とすると, $h = \max_{0 \leqq j \leqq N-1} (x_{j+1}-x_j)$ となる. また, すべての点 (x_j, y_j) を通る関数を $f(x)$ とする. これより $y_j=f(x_j)$ $(j=0, 1, \cdots, N)$ となる. このとき, 自然スプライン $S(x)$ と $f(x)$ との誤差は次式で評価される.

$$|f(x)-S(x)| \leqq \frac{13}{48} \max_{a \leqq \xi \leqq b} |f^{(2)}(\xi)| \times h^2 \qquad (a \leqq x \leqq b) \tag{3.34}$$

この式は以下のことを意味する．スプライン $S(x)$ によって $f(x)$ を近似したとき，領域 $a \leqq x \leqq b$ 内での誤差は，h が小さくなるように与える点の数を多くしていくと，最悪でも h^2 に比例して小さくなる．すなわち，点の数を多くすればするほど近似の精度がよくなっていくのである．

3-4　最小2乗法

実験と推定　まず，図3-9に示すように，ある抵抗の両端に電圧をかけ抵抗に流れる電流を測定する物理実験を考える．電流 I と電圧 V の間にはオームの法則とよばれる法則，すなわち，

$$V = RI \tag{3.35}$$

の関係が成立する．比例定数 R は抵抗の抵抗値である．電圧 V をいろいろ変えて測定される I を方眼紙にプロットすると図3-10の黒丸のようになる．もし，(3.35)式が厳密に成立するならば，図中の測定点は原点を通る1本の直線上に並ぶはずである．しかしながら通常そうはならない．なぜなら，この種の実験にはつねに誤差がつきまとうからである．いまの実験の場合には，誤差の要因として電気回路や測定装置の雑音による変動などが考えられる．

そこで，われわれは図3-10の測定結果から誤差を「ならした」抵抗値を推定する．もし，誤差の出方に偏りがなければ，この行為には意味がある．実験

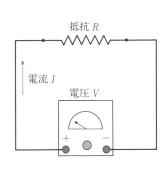

図 3-9　オームの法則の実験

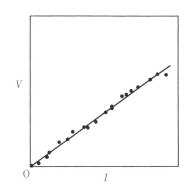

図 3-10　オームの法則の実験結果の例

の後のデータ解析では，定規を用いて図3-10の直線のように全部の測定点の近くをなるべく通り，かつ，原点を通るような直線を推定する．そして，この直線の傾きを抵抗値 R とするのである．

最小2乗法の原理　最小2乗法(least-squares method)では上の定規を当てる作業を，ある原理に基づいて自動化する．話を一般化するため，N 回の測定を行なって得られた測定データを (x_i, y_i) $(i=1, 2, \cdots, N)$ とし，データ x と y との間には理論式

$$y = Ax \tag{3.36}$$

が成立するとしよう．このとき，

$$\sum_{i=1}^{N} (y_i - Ax_i)^2 \tag{3.37}$$

を最小にするような A を求めれば，それが最小2乗法によって推定される最適の A となる．最適の場合の A の値を $\tilde{A}$ と表わす．(3.37)式から，$\tilde{A}$ には以下のような意味があると考えることができる．

まず，(3.37)式の $(y_i - Ax_i)^2$ という量は，図3-11に示すように，点 (x_i, y_i) から直線 $y=Ax$ に鉛直に下ろした線分 l の長さの2乗である．したがって(3.37)式の量は，「各点から直線 $y=Ax$ に鉛直に下ろした線分の長さの2乗の総和」ということになる．$\tilde{A}$ はこの量を最小にするような A の値である．一方，われわれが定規で最適の直線を推定する場合，各点の近くをまんべんなく通るような直線を探す．この行為は，「各点からの距離の和が小さいような直

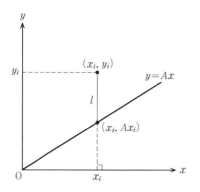

図3-11　点 (x_i, y_i) から直線 $y=Ax$ に鉛直に下ろした線分 l

線」を探すこととだいたい同じである．もちろん，厳密に距離の和を計算して
いるわけではなく，それに類似した量を感じとっているだけであるが．結局，
最小2乗法では距離の代わりに鉛直に下ろした線分の長さの2乗を用いている
だけであり，定規を当てる行為と同様の原理に基づいている．

　しかし，それだけでは(3.37)式のように長さの2乗の和でなくても長さの和
や長さの4乗の和でも同様のことが行なえるはずである．じつは，最小2乗法
による最適値の推定は「測定誤差がお互い無相関で正規分布に従い，その正規
分布の標準偏差が一定である」ときに意味がある．この前提の統計学的な意味
については長くなるので説明しない．ここでは，ある原則に基づいて誤差をな
らして推定値を求める方法が最小2乗法であるという程度にとどめておく．

　最適値の計算方法　　では，(3.37)式の量を最小にする $\tilde{A}$ を算出する方法
について説明する．まず，

$$\sum_{i=1}^{N}(y_i-Ax_i)^2-\sum_{i=1}^{N}(y_i-\tilde{A}x_i)^2 \tag{3.38}$$

という量を考える．この式中の左の和の A の値は任意であるとする．すると，
$A=\tilde{A}$ でない限り(3.38)式の値は正である．これより，$\sum_{i=1}^{N}x_i^2=p$, $\sum_{i=1}^{N}x_iy_i=q$
とおくと，

$$\left(A-\frac{q}{p}\right)^2-\left(\tilde{A}-\frac{q}{p}\right)^2 \geqq 0 \tag{3.39}$$

が導かれる．ただし，$p\neq0$ とする．任意の A に対して上式が成立するために
は，

$$\tilde{A}=\frac{q}{p}=\sum_{i=1}^{N}x_iy_i\bigg/\sum_{i=1}^{N}x_i^2 \tag{3.40}$$

が成立しなければならない．このとき(3.39)式の等号が成立するのは $A=\tilde{A}$
の場合のみである．こうして(3.40)式を用いて測定データから最適値 $\tilde{A}$ を計
算できる．図3-10の直線は，図中の黒丸の点から(3.40)式を用いて推定した
ものである．なお，$\tilde{A}$ は(3.37)式を極小にする条件，

$$\frac{d}{dA}\sum_{i=1}^{N}(y_i-Ax_i)^2=2\left\{A\sum_{i=1}^{N}x_i^2-\sum_{i=1}^{N}x_iy_i\right\}=0 \tag{3.41}$$

からも導けることに注意して欲しい.

2つの未知定数を含む場合 次に，x, y が 2 つの未知定数 A, B を含む理論式

$$y = Ax + B \tag{3.42}$$

に従うとする．このとき，N 個の点 (x_i, y_i) $(i=1, 2, \cdots, N)$ から，最小 2 乗法により未知定数 A, B の最適値を推定する方法を説明する．最適の A, B は前と同様，各点から直線 $y = Ax + B$ に鉛直に下ろした線分の長さの 2 乗の和が最小になるように決定する．すなわち，

$$E(A, B) = \sum_{i=1}^{N} (y_i - Ax_i - B)^2 \tag{3.43}$$

を最小にする A, B を求めれば，それが最適値 $\tilde{A}, \tilde{B}$ となる．このような A, B は以下の 2 つの条件

$$\begin{cases} \dfrac{\partial E}{\partial A} = 2\left\{ A \sum_{i=1}^{N} x_i^2 + B \sum_{i=1}^{N} x_i - \sum_{i=1}^{N} x_i y_i \right\} = 0 \\ \dfrac{\partial E}{\partial B} = 2\left\{ A \sum_{i=1}^{N} x_i + BN - \sum_{i=1}^{N} y_i \right\} = 0 \end{cases} \tag{3.44}$$

を満たす．この 2 式は A, B に関する連立 1 次方程式の形をしているので，それを解いて

$$\begin{cases} \tilde{A} = \left\{ N \sum_{i=1}^{N} x_i y_i - \sum_{i=1}^{N} x_i \sum_{i=1}^{N} y_i \right\} \Big/ \left\{ N \sum_{i=1}^{N} x_i^2 - \left(\sum_{i=1}^{N} x_i \right)^2 \right\} \\ \tilde{B} = \left\{ \sum_{i=1}^{N} x_i^2 \sum_{i=1}^{N} y_i - \sum_{i=1}^{N} x_i \sum_{i=1}^{N} x_i y_i \right\} \Big/ \left\{ N \sum_{i=1}^{N} x_i^2 - \left(\sum_{i=1}^{N} x_i \right)^2 \right\} \end{cases} \tag{3.45}$$

となる．図 3-12 に，黒丸で示した 10 個の点から推定された $y = \tilde{A}x + \tilde{B}$ の直線を示す．（第 3 章演習問題 [6] 参照.）

線形最小 2 乗法 理論式がもっと複雑で未知定数が多い場合でも最小 2 乗法は有効である．例えば，N 個の点 (x_i, y_i) $(i=1, 2, \cdots, N)$ に対し，M 個の未知定数 A_i $(i=1, 2, \cdots, M)$ を含んだ理論式

$$y = \sum_{i=1}^{M} A_i f_i(x) \tag{3.46}$$

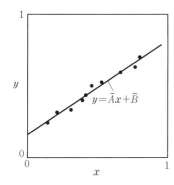

図3-12 10個の点（黒丸）から推定された直線 $y = \tilde{A}x + \tilde{B}$

の A_i を推定することを考える．ここで，$f_i(x)$ は互いに1次独立な x の関数であり，あらかじめ与えられているとする．さきほどの $y = Ax + B$ の場合は，$M = 2$，$A_1 = A$，$A_2 = B$，$f_1(x) = x$，$f_2(x) = 1$ の場合としてこの式に含まれている．最適の A_i は，

$$E(A_1, A_2, \cdots, A_M) = \sum_{j=1}^{N} \left(y_j - \sum_{i=1}^{M} A_i f_i(x_j) \right)^2 \tag{3.47}$$

を最小にする．したがって，

$$\frac{\partial E}{\partial A_k} = -2 \sum_{j=1}^{N} \left\{ f_k(x_j) \left(y_j - \sum_{i=1}^{M} A_i f_i(x_j) \right) \right\} = 0 \qquad (k = 1, 2, \cdots, M) \tag{3.48}$$

を満足する A_i の組を求めればよい．これから，最適値 $\tilde{A}_i$ に対して

$$\sum_{i=1}^{M} \tilde{A}_i \left(\sum_{j=1}^{N} f_k(x_j) f_i(x_j) \right) = \sum_{j=1}^{N} y_j f_k(x_j) \qquad (k = 1, 2, \cdots, M) \tag{3.49}$$

が導かれる．

$$\begin{cases} p_{k,i} = \sum_{j=1}^{N} f_k(x_j) f_i(x_j) \\ q_k = \sum_{j=1}^{N} y_j f_k(x_j) \end{cases} \tag{3.50}$$

とおくと，$p_{k,i}$，q_k は与えられた N 個の点 (x_i, y_i) から直ちに計算できる．したがって(3.49)式は

$$\sum_{i=1}^{M} p_{k,i} \tilde{A}_i = q_k \qquad (k=1,2,\cdots,M) \qquad (3.51)$$

すなわち,

$$
\begin{cases}
p_{1,1}\tilde{A}_1 + p_{1,2}\tilde{A}_2 + \cdots + p_{1,M}\tilde{A}_M = q_1 \\
p_{2,1}\tilde{A}_1 + p_{2,2}\tilde{A}_2 + \cdots + p_{2,M}\tilde{A}_M = q_2 \\
\qquad \cdots\cdots\cdots\cdots \\
p_{M,1}\tilde{A}_1 + p_{M,2}\tilde{A}_2 + \cdots + p_{M,M}\tilde{A}_M = q_M
\end{cases} \qquad (3.52)
$$

となり,$\tilde{A}_i$ に関する連立1次方程式になっている.この連立1次方程式を数値計算によって解くためには,方程式の性質から特別な方法が考えられている.しかし,方程式が単純な場合には 7-2 節で紹介するガウスの消去法を用いて解くことも十分可能である.なお,(3.46)式の右辺は $f_i(x)$ の線形結合の形をしており,この形の理論式に対する最小2乗法を**線形最小2乗法**という.

図3-13に,黒丸で示した50個の点から理論式 $y=\sum_{i=1}^{5} A_i \sin(ix)$ の最適な $\tilde{A}_1 \sim \tilde{A}_5$ を推定し,その結果得られる理論式の曲線を示す.

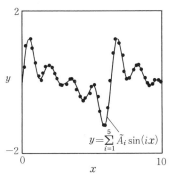

図 3-13　50 個の点（黒丸）から推定された曲線 $y=\sum_{i=1}^{5} \tilde{A}_i \sin(ix)$

第3章 演習問題

[1] 以下の xy 平面上の3点に2次のラグランジュ補間を適用すると，どのような曲線が得られるか答えよ．

(1) $(0,0)$, $(1,0)$, $(2,0)$

(2) $(0,0)$, $(1,1)$, $(2,2)$

(3) $(0,0)$, $(1,1)$, $(2,0)$

(4) $(0,0)$, $\left(\dfrac{3}{2},1\right)$, $(2,0)$

[2] 指数関数 $\exp(x)$ の数表の一部が有効数字5桁で以下のように与えられている．

(1) $x=0,0.4$ での値を用いて1次のラグランジュ補間により $\exp(0.2)$ の近似値を求めよ．また，数表より真の値との誤差を計算せよ．

(2) $x=0.1,0.3$ での値を用いて(1)と同じことを行なえ．

(3) $x=0,0.1,0.3$ での値を用いて2次のラグランジュ補間により $\exp(0.2)$ の近似値を求め，誤差を計算せよ．

x	$\exp(x)$
0	1
0.1	1.1052
0.2	1.2214
0.3	1.3499
0.4	1.4918

[3] $0 \leqq x \leqq 3\pi$ の範囲で $\sin x/(1+x)$ のグラフを考える．このグラフを近似する曲線を3次スプラインによって生成せよ．また，グラフ上の点の選び方を変えることによって，生成される曲線がどのように変わるかを観察せよ．

[4] 3次スプラインの端点における条件を，(3.30)式の代わりに

$$S'(x_0) = S_0'(x_0) = \alpha, \qquad S'(x_N) = S_{N-1}'(x_N) = \beta$$

を用いるとする．α,β は端点における曲線の傾きを与える定数である．このとき，u_j に関する連立1次方程式(3.32)式をどのように修正すればよいか．

[5] (x_i, y_i) を1点だけ与えた場合に(3.45)式を用いるとどうなるか．また，2点以上与えた場合はどうか．

[6] 右表(の左)の5点を与えた場合に，最小2乗法により理論式 $y=Ax+B$ の最適の A,B の値を推定せよ．

[7] 右表(の右)の5点を与えた場合に，最小2乗法により理論式 $y=Ax^2+Bx+C$ の最適の A,B,C の値を推定せよ．

問[6]		問[7]	
x_i	y_i	x_i	y_i
1	0.9	0.0	-0.45
2	1.7	0.5	0.20
3	2.1	1.0	0.53
4	2.6	1.5	0.28
5	3.0	2.0	-0.62

4 積　分

数学公式集には積分の計算例がたくさん載っているが，答を初等関数で表わすことのできない積分が無数にある．そこで，関数 $f(x)$ が与えられたときに，定積分 $\int_a^b f(x)dx$ の値を数値計算によって求める方法について説明する．その原理は，積分区間中のいくつかの座標での関数の値を用いて積分値を計算するというものであり，関数の形によらない汎用的な方法である．

積分の数値計算の必要性　　微分と積分は互いに逆の演算になっている．すなわち，ある関数の不定積分を微分すると，元の関数に戻る．ところが，答を書き下すという点において，微分の方が積分よりも一般にやさしい．例えば，$f(x)=e^{-x^2}$ という初等関数を考える．この関数の導関数は

$$\frac{df(x)}{dx} = -2xe^{-x^2} \tag{4.1}$$

であり，やはり初等関数である．ところが，$f(x)$ の不定積分は初等関数では表現できない．むしろ，

$$\int_0^x f(s)ds = \int_0^x e^{-s^2}ds = \mathrm{Erf}(x) \tag{4.2}$$

という具合に，不定積分の結果が右辺の誤差関数とよばれる特殊関数の定義と
なる．

　別の例として初等関数 $f(x)=(1-k^2\sin^2x)^{-1/2}$ を考える．ただし，$0<|k|$
<1 とする．導関数は

$$\frac{df(x)}{dx} = k^2\sin x\cos x(1-k^2\sin^2x)^{-3/2} \tag{4.3}$$

となり，初等関数で表わされる．一方，不定積分は初等関数で表わすことがで
きず，

$$\int_0^x f(s)ds = \int_0^x (1-k^2\sin^2s)^{-1/2}ds = F(x,k) \tag{4.4}$$

というように第1種楕円積分 $F(x,k)$ を定義している．

　以上のように初等関数の微分はいつも初等関数の範囲内ですむので，初等関
数の値さえ数値計算できれば導関数の値は求められる．ところが積分は初等関
数の範囲を超えてしまうことがある．上の2つの例の不定積分で定義される関
数は十分にその性質が調べられており，関数値を求める数値計算ライブラリも
提供されていることが多い．しかし，ライブラリで提供されないような不定積
分も無数に存在している．そこで，数値計算により積分

$$I = \int_a^b f(x)dx \tag{4.5}$$

の値を計算することが必要になる．不定積分でなく定積分の形にしたが，積分
範囲の a,b を自由に変えて計算できれば不定積分を求めることとほぼ同じで
ある．ただし，被積分関数 $f(x)$ は与えられており，任意の x に対して $f(x)$
の値を計算できると仮定する．積分の値を数値計算で求めるための方法を**数値
積分法**(numerical integration)という．

　積分と常微分方程式　　積分の問題は常微分方程式の問題に帰着させること
ができる．y を x の関数とし，

$$\frac{dy}{dx} = f(x) \tag{4.6}$$

という1階の常微分方程式を $y(a)=0$ という条件の下で解き，$y(b)$ の値を求

める問題を考える．(4.6)式の両辺を a から b まで積分すると，

$$y(b) - y(a) = \int_a^b f(x)dx \tag{4.7}$$

となる．さらに条件 $y(a) = 0$ を用いると，

$$y(b) = \int_a^b f(x)dx \tag{4.8}$$

となり，たしかに積分の問題が常微分方程式の問題に帰着する．

5-3 節で考える常微分方程式は，$g(x, y)$ を x, y の任意の関数として

$$\frac{dy}{dx} = g(x, y) \tag{4.9}$$

という形をしており，(4.6)式を特殊な場合として含んでいる．すなわち常微分方程式の数値計算法を数値積分法に応用できる．しかしながら，(4.6)式の右辺は任意の x に対して直ちに計算できるが，(4.9)式の右辺は g の引数に y 自身を含んでいるため，任意の x に対して直ちには計算できない．この点で数値積分法と常微分方程式の数値計算法は出発点がすこし異なり，別々に論じた方がわかりやすい．そこでこの章では，積分の問題としての数値積分法についてのみ説明する．

4-2 台 形 則

台形則の原理　図 4-1 の網掛けした部分に示すように，定積分

$$I = \int_a^b f(x)dx \tag{4.10}$$

は $y = f(x)$ のグラフと x 軸，直線 $x = a$，$x = b$ とで囲まれた領域の面積に等しい．ただし，$f(x) > 0$ の部分の面積は正として，$f(x) < 0$ の部分の面積は負として勘定する．数値計算ではこの面積を $f(x)$ の計算だけで求めなければならない．

そこで，図 4-2 のように元の領域を台形の集まりで近似し，台形の面積の和で領域の面積を近似してみよう．ただし，各台形の横幅は等しく $x = a$ から x

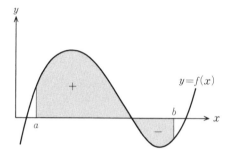

図 4-1　関数の定積分と
グラフの関係

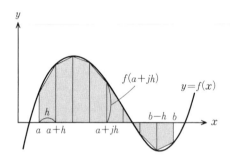

図 4-2　台形の集合に
よる領域の近似

$=b$ まで N 個の台形が並んでいるとする．すると台形の横幅 h は $(b-a)/N$
となる．よって，左から j 番目の台形(左端の台形を 0 番目，右端の台形を N
-1 番目とする)の上底と下底の長さはそれぞれ $f(a+jh),f(a+(j+1)h)$ で
ある．したがって，全部の台形の面積の和 T は

$$T = \sum_{j=0}^{N-1} \frac{h}{2}\{f(a+jh)+f(a+(j+1)h)\}$$

$$= h\left\{\frac{f(a)}{2}+f(a+h)+f(a+2h)+\cdots+f(b-h)+\frac{f(b)}{2}\right\} \quad (4.11)$$

となり，この T が積分 I の近似値となる．ただし，$N=1$ の場合は $T=$
$h\{f(a)+f(b)\}/2$ とする．このように台形を利用して積分値を近似する方法
を(複合)**台形則**(trapezoidal rule)という．なお，区間 $[a,b]$ を N 等分したと
きの各 x 座標の値 $x_j=a+jh$ $(j=0,1,2,\cdots,N)$ を**分点**(abscissa)という．

　台形則の計算例　表 4-1 に(a) $I=\int_0^1 \exp(x)dx$, (b) $I=\int_0^2 \cos xdx$ を台形

表 4-1 台形則による積分近似値

(a) $I = \int_0^1 \exp(x) dx = 1.71828182\cdots$ の場合

N	積分近似値 T	誤差 $|T-I|$
1	1.85914091	1.408×10^{-1}
2	1.75393109	3.564×10^{-2}
4	1.72722190	8.940×10^{-3}
8	1.72051859	2.236×10^{-3}
16	1.71884112	5.593×10^{-4}
32	1.71842166	1.398×10^{-4}
64	1.71831678	3.495×10^{-5}
128	1.71829056	8.739×10^{-6}
256	1.71828401	2.184×10^{-6}
512	1.71828237	5.462×10^{-7}
1024	1.71828196	1.365×10^{-7}

(b) $I = \int_0^2 \cos x dx = 0.90929742\cdots$ の場合

N	積分近似値 T	誤差 $|T-I|$
1	0.58385316	3.254×10^{-1}
2	0.83222888	7.706×10^{-2}
4	0.89027432	1.902×10^{-2}
8	0.90455656	4.740×10^{-3}
16	0.90811313	1.184×10^{-3}
32	0.90900141	2.960×10^{-4}
64	0.90922342	7.400×10^{-5}
128	0.90927892	1.849×10^{-5}
256	0.90929280	4.624×10^{-6}
512	0.90929627	1.156×10^{-6}
1024	0.90929713	2.890×10^{-7}

則で計算した結果をそれぞれ示す.

どちらの場合も,積分区間の分割数 N を倍ずつ増やしていったときの T の値,および,そのときの T と I との誤差 $|T-I|$ を調べている. T の各数値の網掛けをしていない部分が I と一致している. N が大きくなれば分割が細かくなり,一致する桁数が増えていく. 分割を細かくすれば T が I の値に近づいていくことは図 4-3 からも直観的に理解できる. すなわち, $N=8$ の場合

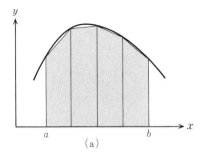
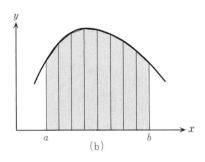

図 4-3 分割が粗い場合と細かい場合の違い. (a) $N=4$ の場合, (b) $N=8$ の場合

の方が $N=4$ の場合よりも元の領域をよく近似している.

　また，分割数 N を 2 倍にすると誤差がほぼ 1/4 になることを表の数値から読みとることができる. 例えば，表 4-1(a) の場合，$N=4$ と 8，$N=8$ と 16，…，$N=512$ と 1024 の誤差の比はどれも有効数字 3 桁で 1/4 に等しい. このことから，誤差と N とは，ほぼ

$$誤差 \propto \frac{1}{N^2} \tag{4.12}$$

の関係にあることになる.

誤差と分割数の関係　　そこで，このような誤差と分割数の関係が成り立つ理由を考える. まず，台形則は関数 $f(x)$ を折れ線関数 $F(x)$ で近似し，$F(x)$ の積分値を求めているというように見方を変えることができる（図 4-4）. 左から j 番目の台形の部分に注目すると，その台形の左端は $x=x_j$ であり，右端は $x=x_{j+1}$ である. 区間 $[x_j, x_{j+1}]$ で関数 $F(x)$ のグラフは 2 点 $(x_j, f(x_j))$，$(x_{j+1}, f(x_{j+1}))$ を結んだ線分の形をしている. これは 3-2 節で説明した 1 次のラグランジュ補間に他ならない. すなわち，

$$F(x) = \frac{x-x_{j+1}}{x_j-x_{j+1}}f(x_j) + \frac{x-x_j}{x_{j+1}-x_j}f(x_{j+1}) \qquad (x_j \leqq x \leqq x_{j+1}) \tag{4.13}$$

となる. $f(x)$ と $F(x)$ の誤差は (3.11) 式より

$$f(x) - F(x) = \frac{f''(\xi)}{2}(x-x_j)(x-x_{j+1}) \tag{4.14}$$

となる. ただし，ξ は等式を満たすような x_j と x_{j+1} の間の数である. これか

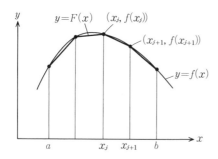

図 4-4　被積分関数 $f(x)$ を近似する折れ線関数 $F(x)$

ら，$x_j < x < x_{j+1}$ において

$$|f(x) - F(x)| \leqq \frac{1}{2} \max_{x_j < \xi < x_{j+1}} |f''(\xi)| \cdot |(x - x_j)(x - x_{j+1})| \tag{4.15}$$

と評価できる．そこで，区間 $[x_j, x_{j+1}]$ における積分 $\displaystyle\int_{x_j}^{x_{j+1}} f(x)dx$ と台形の面積の誤差は

$$\left| \int_{x_j}^{x_{j+1}} f(x)dx - \int_{x_j}^{x_{j+1}} F(x)dx \right| \leqq \int_{x_j}^{x_{j+1}} |f(x) - F(x)|dx$$

$$\leqq \frac{1}{2} \max_{x_j < \xi < x_{j+1}} |f''(\xi)| \int_{x_j}^{x_{j+1}} |(x - x_j)(x - x_{j+1})|dx$$

$$= \frac{h^3}{12} \max_{x_j < \xi < x_{j+1}} |f''(\xi)| \tag{4.16}$$

と評価できる．ただし $x_{j+1} - x_j = h$ を用いた．ゆえに，全積分区間 $[a, b]$ における $f(x)$ の積分値と台形則の誤差は

$$\left| \int_a^b f(x)dx - \int_a^b F(x)dx \right| \leqq \frac{h^3}{12} \sum_{j=0}^{N-1} \max_{x_j < \xi < x_{j+1}} |f''(\xi)|$$

$$\leqq \frac{h^3}{12} N \max_{a < \xi < b} |f''(\xi)| = \frac{(b-a)^3}{12N^2} \max_{a < \xi < b} |f''(\xi)| \tag{4.17}$$

と評価できる．上の式で $f(x)$ と a, b はあらかじめ与えられているので，N を大きくすると誤差は最悪でも $1/N^2$（すなわち h^2）に比例して小さくなる．

計算終了条件と計算手順 では，いよいよ台形則を用いて積分値を先頭から p 桁求めるとしよう．そのためには，(4.17)式の最右辺の $\displaystyle\max_{a < \xi < b} |f''(\xi)|$ を $f(x)$ と a, b が与えられた時点で計算し，N を決めなければならない．ところが，$\displaystyle\max_{a < \xi < b} |f''(\xi)|$ の計算は一般に面倒である．そこで，(4.17)式を用いる代わりに，分割数 N をだんだん増やしていき，各 N に対して得られた答をチェックし，N を変えても答が先頭から p 桁変化しなくなれば，その時点で計算を終了するという方法を採用する．

一方，台形則では関数 $f(x)$ の計算の他は四則演算程度の計算であり，計算の手間のほとんどは $f(x)$ に費やされる．このとき，N を変えるごとにすべての分点に対して $f(x)$ の計算をやり直すのは効率が悪い．そこで N を増やす方法として，前の N の値の 2 倍を次の N にすると効率がよくなる．$N = 2^n$ $(n = $

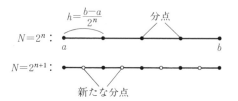

図 4-5　分割を倍にした
ときの分点の関係

$0, 1, 2, \cdots$) としたときの異なる n における分点の関係を図 4-5 に示す. $N=2^n$ のときの分点は $N=2^{n+1}$ のときの分点に含まれている.

　$N=2^n$ における台形則の答を T_n としよう. このときの台形の幅 h は $(b-a)/2^n$ である. すると

$$T_n = \frac{b-a}{2^n}\left\{\frac{f(a)}{2}+f\left(a+1\cdot\frac{b-a}{2^n}\right)+f\left(a+2\cdot\frac{b-a}{2^n}\right)+\cdots+\frac{f(b)}{2}\right\}$$

$$= \frac{b-a}{2^n}\left\{\frac{f(a)}{2}+f\left(a+2\cdot\frac{b-a}{2^{n+1}}\right)+f\left(a+4\cdot\frac{b-a}{2^{n+1}}\right)+\cdots+\frac{f(b)}{2}\right\}$$

$$T_{n+1} = \frac{b-a}{2^{n+1}}\left\{\frac{f(a)}{2}+f\left(a+1\cdot\frac{b-a}{2^{n+1}}\right)+f\left(a+2\cdot\frac{b-a}{2^{n+1}}\right)+f\left(a+3\cdot\frac{b-a}{2^{n+1}}\right)\right.$$

$$\left. +f\left(a+4\cdot\frac{b-a}{2^{n+1}}\right)+\cdots+\frac{f(b)}{2}\right\} \tag{4.18}$$

となる. ゆえに

$$T_{n+1} = \frac{T_n}{2}+\frac{b-a}{2^{n+1}}\left\{f\left(a+1\cdot\frac{b-a}{2^{n+1}}\right)+f\left(a+3\cdot\frac{b-a}{2^{n+1}}\right)+\cdots+f\left(b-\frac{b-a}{2^{n+1}}\right)\right\}$$

$$\tag{4.19}$$

となる. ただし, $T_0=(b-a)\{f(a)+f(b)\}/2$ とする. 分割数 N を倍ずつ増やしていく場合には, (4.19)式より新たに出現する分点での関数の値だけを計算すればよいことになるので, 計算の効率がよい. ただ, このような工夫を行なっても, 前の表 4-1 (a),(b)のどちらの場合とも $N=1024$ のときやっと小数点以下 6 桁正しい結果が得られており, このとき $f(x)$ の計算は分点数と等しい回数, すなわち 1025 回も必要とする.

　台形則のアルゴリズム　　以上をまとめた台形則のアルゴリズムを以下に示す.

（1）　$\varepsilon := 10^{-p}$

　　　$N := 1$

　　　$h := b - a$

　　　$T := h\{f(a) + f(b)\}/2$

（2）　以下

　　　　　$N := 2N$

　　　　　$h := h/2$

　　　　　$s := 0$

　　　　　　$i := 1, 3, \cdots, N-1$ の順に

　　　　　　　$s := s + f(a + ih)$

　　　　　　を繰り返す

　　　　　$new\_T := T/2 + h \cdot s$

　　　　　もし $|new\_T - T| < \varepsilon |new\_T|$ ならば（3）に移る

　　　　　$T := new\_T$

　　　を繰り返す

（3）　new_T を答とする

このアルゴリズムで，N, T, new_T はそれぞれ $2^n, T_n, T_{n+1}$ の役割を果たす．
また，約 p 桁正しい答を得るために，new_T と T との誤差が new_T の大き
さの 10^{-p} 未満になった時点で(2)の繰り返し計算を終了する．

4-3　シンプソン則とロンバーグ積分法

シンプソン則の原理　　台形則は区間の分割数 N に対して誤差が $1/N^2$ に
比例した．この節では誤差が $1/N^4$ に比例する（複合）シンプソン則（Simpson's
rule）を最初に説明する．台形則では1次のラグランジュの補間多項式を利用
して被積分関数を折れ線関数で近似した．この近似の精度を上げれば，答の精
度が上がることを当然期待できる．そこで，2次のラグランジュの補間多項式
を利用することにする．まず，積分区間 $[a, b]$ を N 等分し，隣同士の分点の

間隔を $h=(b-a)/N$, 分点を $x_j=a+jh$ $(j=0,1,\cdots,N)$ とする. なお, シンプソン則を適用するには N が偶数でなければならないことが後でわかる.

隣り合う3つの分点 x_j, x_{j+1}, x_{j+2} を含む区間 $[x_j, x_{j+2}]$ を考える. この区間において関数 $f(x)$ を近似するように2次のラグランジュの補間多項式 $P(x)$ を作る. ただし, $P(x_j)=f(x_j)$, $P(x_{j+1})=f(x_{j+1})$, $P(x_{j+2})=f(x_{j+2})$ となるようにする. このとき, $y=f(x)$ のグラフと $y=P(x)$ のグラフは図4-6に示す関係にある. (3.6)式から, $P(x)$ は x の2次多項式で

$$P(x) = \frac{(x-x_{j+1})(x-x_{j+2})}{(x_j-x_{j+1})(x_j-x_{j+2})}f(x_j) + \frac{(x-x_j)(x-x_{j+2})}{(x_{j+1}-x_j)(x_{j+1}-x_{j+2})}f(x_{j+1})$$

$$+ \frac{(x-x_j)(x-x_{j+1})}{(x_{j+2}-x_j)(x_{j+2}-x_{j+1})}f(x_{j+2}) \tag{4.20}$$

となる. 区間 $[x_j, x_{j+2}]$ での $f(x)$ の積分 $\int_{x_j}^{x_{j+2}} f(x)dx$ を関数 $P(x)$ の積分 $\int_{x_j}^{x_{j+2}} P(x)dx$ で近似しよう. すると,

$$\int_{x_j}^{x_{j+2}} P(x)dx = h\int_0^2 \left\{\frac{1}{2}(t-1)(t-2)f(x_j) - t(t-2)f(x_{j+1}) + \frac{1}{2}t(t-1)f(x_{j+2})\right\}dt$$

$$= \frac{h}{3}\{f(x_j) + 4f(x_{j+1}) + f(x_{j+2})\} \tag{4.21}$$

となる. 上式で, x から t への変数変換 $x=x_j+th$ および $x_j=a+jh$ を利用した.

次に, 積分区間を左端から順に $[x_0, x_2], [x_2, x_4], \cdots, [x_{N-2}, x_N]$ の小区間に分割する. このために N は偶数でなければならない. そして各小区間で

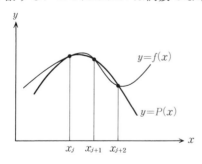

図 4-6 区間 $[x_j, x_{j+2}]$ で $f(x)$ を近似する $P(x)$

(4.21)式を適用して得られた値を合計する. すると, その合計値 S は積分 $\int_a^b f(x)dx$ の近似になっているはずである. 合計した値は

$$S = \frac{h}{3}\{f(x_0)+4f(x_1)+f(x_2)\}+\frac{h}{3}\{f(x_2)+4f(x_3)+f(x_4)\}+\cdots$$

$$+\frac{h}{3}\{f(x_{N-2})+4f(x_{N-1})+f(x_N)\}$$

$$= \frac{h}{3}\{f(x_0)+4f(x_1)+2f(x_2)+4f(x_3)+2f(x_4)+\cdots$$

$$+2f(x_{N-2})+4f(x_{N-1})+f(x_N)\} \tag{4.22}$$

となる. この式の最右辺の中括弧内では, $f(x_0)$ と $f(x_N)$ の係数が 1 であり, $f(x_1)$ から $f(x_{N-1})$ までの係数は $4,2,4,2,\cdots,4$ という具合に 4 と 2 を交互に繰り返している. また, $N=2$ の場合は $S=\frac{h}{3}\{f(x_0)+4f(x_1)+f(x_2)\}$ とする. (4.22)式によって積分値を近似計算する方法をシンプソン則という.

シンプソン則の計算例 前節の表 4-1 で用いた 2 つの例に対してシンプソン則を当てはめてみよう. 結果を表 4-2 に示す.

(a) $N=16$, (b) $N=32$ のときに小数点以下 6 桁正しい答がそれぞれ得られている. 台形則で同様の結果を得たのは, (a),(b) 両場合とも $N=1024$ のときであった. 台形則もシンプソン則も計算の手間を関数 $f(x)$ の計算回数で見積もることができ, その回数は分点数に等しい. すると, いまの具体例で小数点以下 6 桁正しい答を得るための計算の手間は, シンプソン則の方が台形則の数十分の 1 ですむことになる. さらに, 表 4-2 の誤差と分割数 N との関係から, シンプソン則では誤差がほぼ $1/N^4$ に比例することがわかる. 台形則では $1/N^2$ に比例していた. このことから, N を大きくするとシンプソン則の方がずっと速く正確な答に近づいていくことがわかる.

シンプソン則の誤差 誤差が $1/N^4$ に比例する理由を示すことは台形則の場合よりも難しい. 2 次のラグランジュの補間多項式の誤差評価を用いて台形則と同様の計算を行なうと, 誤差が $1/N^3$ に比例するという甘い評価を与えてしまう. そこで, 導出過程を省略して誤差評価の結果だけを記すと, (4.22)式の S と積分値との誤差は

表 4-2 シンプソン則による積分近似値

(a) $I = \displaystyle\int_0^1 \exp(x)dx = 1.718281828459045\cdots$ の場合

N	積分近似値 S	誤差 $|S-I|$
2	1.718861151876592	5.793×10^{-4}
4	1.718318841921747	3.701×10^{-5}
8	1.718284154699896	2.326×10^{-6}
16	1.718281974051891	1.455×10^{-7}
32	1.718281837561771	9.102×10^{-9}
64	1.718281829028015	5.689×10^{-10}
128	1.718281828494606	3.556×10^{-11}
256	1.718281828461267	2.222×10^{-12}
512	1.718281828459183	1.381×10^{-13}
1024	1.718281828459054	8.959×10^{-15}

(b) $I = \displaystyle\int_0^2 \cos x dx = 0.909297426825681\cdots$ の場合

N	積分近似値 S	誤差 $|S-I|$
2	0.915020795641805	5.723×10^{-3}
4	0.909622804903573	3.253×10^{-4}
8	0.909317307635521	1.988×10^{-5}
16	0.909298662437128	1.235×10^{-6}
32	0.909297503943639	7.711×10^{-8}
64	0.909297431643873	4.818×10^{-9}
128	0.909297427126792	3.011×10^{-10}
256	0.909297426844500	1.881×10^{-11}
512	0.909297426826858	1.176×10^{-12}
1024	0.909297426825754	7.317×10^{-14}

$$\left| \int_a^b f(x)dx - S \right| \leqq \frac{(b-a)^5}{180N^4} \max_{a<\xi<b} |f^{(4)}(\xi)| \tag{4.23}$$

となる．ここで $f^{(4)}(x)$ は $f(x)$ の4階導関数である．なお，台形則での同様の評価式（4.17）式と比較して，同じ分割数 N に対してシンプソン則の方がつねによい答を得るという結論は出せない．なぜならば，（4.17）式の最右辺と（4.23）式の右辺の大小関係は場合によって異なり，さらに，どちらの評価式も不等式による評価であるので，最悪の場合がどうであるかを示しているに過ぎ

ないからである. ただ, ある N に対してシンプソン則の結果の方が悪くても, N を増やしていけばシンプソン則の結果が台形則の結果を追い越して正確な答に急速に近づいていく可能性は十分ある.

シンプソン則と台形則の関係   (4.23)式の右辺を計算することは一般に面倒である. そこで, 積分値を先頭から p 桁求めたい場合には台形則と同様の判定手続きを行なう. つまり, 分割数を $N=2^n$ $(n=1, 2, \cdots)$ とし, n を順次増やしていって答が p 桁変化しなくなった時点で終了するのである. 計算の効率化を図るために, ある N のときの計算を次の N の計算において利用すればよい. (4.22)式からそのようなアルゴリズムを直接作ることもできるが, ここでは台形則で得られた答を利用するというトリックを用いることにする.

$N=2^n$ のときの台形則およびシンプソン則による積分近似値をそれぞれ T_n, S_n とする. すると T_n, S_n の間には

$$S_{n+1} = \frac{4}{3} T_{n+1} - \frac{1}{3} T_n \tag{4.24}$$

の関係がある. 実際, $h = \dfrac{b-a}{2^{n+1}}$ とすると

$$\frac{4}{3} T_{n+1} - \frac{1}{3} T_n$$

$$= \frac{4h}{3} \left\{ \frac{1}{2} f(a) + f(a+h) + f(a+2h) + \cdots + f(b-h) + \frac{1}{2} f(b) \right\}$$

$$\quad - \frac{2h}{3} \left\{ \frac{1}{2} f(a) + f(a+2h) + f(a+4h) + \cdots + f(b-2h) + \frac{1}{2} f(b) \right\}$$

$$= \frac{h}{3} \{ f(a) + 4f(a+h) + 2f(a+2h) + \cdots + 2f(b-2h) + 4f(b-h) + f(b) \}$$

$$= S_{n+1} \tag{4.25}$$

となる. これにより, 台形則の T_n を前節の方法で求めれば, (4.24)式から直ちにシンプソン則の S_n を求めることができる.

シンプソン則のアルゴリズム   以上をまとめてシンプソン則のアルゴリズムを示す.

(1) $\varepsilon := 10^{-p}$

   $N := 2$

$$h := (b-a)/2$$

$$T := h\left\{f(a)+2f\left(\frac{a+b}{2}\right)+f(b)\right\}\Big/2$$

$$S := h\left\{f(a)+4f\left(\frac{a+b}{2}\right)+f(b)\right\}\Big/3$$

(2) ┌以下

　　　　$N := 2N$

　　　　$h := h/2$

　　　　$s := 0$

　　　　┌$i := 1, 3, \cdots, N-1$ の順に

　　　　　　　$s := s+f(a+ih)$

　　　　└を繰り返す

　　　　$new\_T := T/2+h\cdot s$

　　　　$new\_S := (4new\_T-T)/3$

　　　　もし $|new\_S-S| < \varepsilon|new\_S|$ ならば(3)に移る

　　　　$T := new\_T$

　　　　$S := new\_S$

└を繰り返す

(3)　new_S を答とする

このアルゴリズムで，N, T, S, new_T, new_S はそれぞれ $2^n, T_n, S_n, T_{n+1},$ S_{n+1} の役割を果たす．また，約 p 桁正しい答を得るために，new_S と S との誤差が new_S の大きさの 10^{-p} 未満になった時点で(2)の繰り返し計算を終了する．

　　ロンバーグ積分法　　上に示した台形則とシンプソン則の関係は大変興味深い．なぜならば，誤差が $1/N^2$ に比例する台形則において分割数 N と $2N$ での答に適当な係数をかけて差をとると，誤差が $1/N^4$ に比例するシンプソン則が導かれるからである．では，シンプソン則にも同様の手続きを施して，N を大きくするにつれて誤差がもっと速く小さくなるような計算法を作れないであろうか．じつは可能である．さらに，その手続きを何回も繰り返すことによって，より速く誤差が小さくなるような計算法を作ることができる．このような

手続きを**ロンバーグ積分法**(Romberg integration)という. なお, 分点で用いるラグランジュの補間多項式の次数を上げることにより同様のことを目論むニュートン‐コーツ(Newton-Cotes)の公式とよばれる方法も存在するが, ここでは取り上げない.

ロンバーグ積分法による計算手順を示す. 分割数を $N=2^n$ ($n=0,1,2,\cdots$) とし, 各 n に対して台形則によって計算された積分近似値を $T_n^{(0)}$ とする. そして, 以下の漸化式により $T_n^{(k)}$ ($k=1,2,3,\cdots$ かつ $n\geqq k$) を計算する.

$$T_n^{(k)} = \frac{4^k\,T_n^{(k-1)} - T_{n-1}^{(k-1)}}{4^k-1} \tag{4.26}$$

$k=1$ のとき

$$T_n^{(1)} = \frac{4}{3}\,T_n^{(0)} - \frac{1}{3}\,T_{n-1}^{(0)} \tag{4.27}$$

となり, $T_n^{(1)}$ がシンプソン則による積分近似値であることがわかる. $T_n^{(0)}$ から $T_n^{(k)}$ を計算する手順を図 4-7 に示す. 矢印は計算の流れを示しており, 例えば $T_2^{(2)}$ は(4.26)式を用いて $T_2^{(1)}$ と $T_1^{(1)}$ から計算できる.

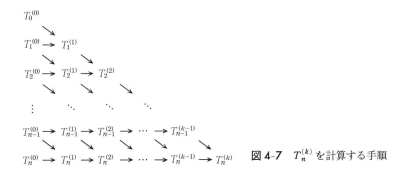

図 4-7 $T_n^{(k)}$ を計算する手順

ロンバーグ積分法の計算例　4-2 節の表 4-1(a)の積分の問題についてロンバーグ積分法を適用してみよう. その結果を表 4-3 に示す.

表 4-3(a)は $T_n^{(k)}$ の値を表にしたものである. また, (b)は各 $T_n^{(k)}$ に対して真の答との誤差を表にしたものである. $T_4^{(4)}$ では小数点以下 13 桁正しい答が得られている. $T_n^{(k)}$ の計算で $T_n^{(0)}$ 以外は被積分関数の計算を必要としない.

表 4-3 ロンバーグ積分法による積分近似値

(a) $I = \int_0^1 \exp(x)dx = 1.718281828459045\cdots$ の積分近似値

n	$T_n^{(0)}$	$T_n^{(1)}$	$T_n^{(2)}$
0	1.859140914229522		
1	1.753931092464825	1.718861151876592	
2	1.727221904557516	1.718318841921747	1.718282687924757
3	1.720518592164301	1.718284154699896	1.718281842218440
4	1.718841128579994	1.718281974051891	1.718281828675358

n	$T_n^{(3)}$	$T_n^{(4)}$
0		
1		
2		
3	1.718281828794530	
4	1.718281828460388	1.718281828459078

(b) 誤差

n	$|T_n^{(0)}-I|$	$|T_n^{(1)}-I|$	$|T_n^{(2)}-I|$
0	1.408×10^{-1}		
1	3.564×10^{-2}	5.793×10^{-4}	
2	8.940×10^{-3}	3.701×10^{-5}	8.594×10^{-7}
3	2.236×10^{-3}	2.326×10^{-6}	1.375×10^{-8}
4	5.593×10^{-4}	1.455×10^{-7}	2.163×10^{-10}

n	$|T_n^{(3)}-I|$	$|T_n^{(4)}-I|$
0		
1		
2		
3	3.354×10^{-10}	
4	1.343×10^{-12}	3.316×10^{-14}

$T_4^{(0)}$ を求めるときの分点数は $2^4+1=17$ であるので，この表全体の結果を得るのに必要な関数計算の回数はただの 17 回である．このように，ロンバーグ積分法では非常に少ない関数計算でよい結果を得ることができる．

第4章 演習問題

[1] 以下の定積分の値を，台形則，シンプソン則を用いて分割数 $N=8,16,32,64$ の場合にそれぞれ計算せよ．

$$(1)\ \int_0^2 x^5 dx, \qquad (2)\ \int_0^1 x\sqrt{1+x^2}\,dx, \qquad (3)\ \int_0^\pi x^2 \sin x dx$$

また，これらの定積分の正確な値は(1) $\dfrac{32}{3}$，(2) $\dfrac{1}{3}(2\sqrt{2}-1)$，(3) π^2-4 である．

上の数値計算による結果の誤差は，N を大きくするとどのように変わるか．

[2] 前問 [1] の (1)〜(3) の定積分の値をロンバーグ積分法の $T_3^{(3)}$ によって求め，誤差も計算せよ．

[3] 次の定積分の値を台形則，シンプソン則を用いて有効数字 6 桁求めよ．

$$(1)\ \int_0^{1/4} \frac{dx}{\sqrt{(1+4x^2)(1+3x^2)}}, \qquad (2)\ \int_0^1 e^x \tan x dx$$

また，各方法で被積分関数を計算した回数を求め比較せよ．

[4] 半径 1 の球の体積は，$f(x,y)=\sqrt{1-x^2-y^2}$ として重積分

$$I = 8\int_0^1 \left\{ \int_0^{\sqrt{1-y^2}} f(x,y)dx \right\} dy$$

の値に等しい．この値を台形則を 2 重に利用して計算する．まず，

$$F(y) = \int_0^{\sqrt{1-y^2}} f(x,y)dx \qquad \text{(a)}$$

とすると，上の積分は

$$I = 8\int_0^1 F(y)dy$$

と表わされる．ゆえに，分割数を N とし，$\Delta y=1/N$ として，台形則から

$$I \fallingdotseq 8\Delta y \left\{ \frac{F(0)}{2}+F(\Delta y)+\cdots+F(1-\Delta y)+\frac{F(1)}{2} \right\} \qquad \text{(b)}$$

となる．次に，(a)式に台形則を適用して，(b)式中の各 F の値を以下の式から計算する．

$$F(y) \fallingdotseq \Delta x \left\{ \frac{f(0,y)}{2}+f(\Delta x,y)+\cdots+f(\sqrt{1-y^2}-\Delta x,y)+\frac{f(\sqrt{1-y^2},y)}{2} \right\}$$

ただし，$\Delta x = \dfrac{\sqrt{1-y^2}}{N}$ とする．$N=32$ として上の計算を実行せよ．なお，I の正確な値は $4\pi/3=4.188\cdots$ である．

[5]　隣り合う 4 つの分点に対して 3 次のラグランジュの補間多項式を用いることにより，被積分関数を近似する．これによって得られる数値積分の公式を求めよ．

5 常微分方程式

天体の軌道や電気回路の電圧変化など，微分方程式で表現できる現象は数多く
存在する．また，未知の現象を微分方程式による数学モデルで表現し，解を求
めることによって現象を理解するという手法は，理工学における常套手段であ
る．この章では，独立変数が1つである常微分方程式の解を，数値計算によっ
て求める方法について説明する．

5-1 常微分方程式

常微分方程式と解　まず常微分方程式とはどのようなものであるかを説明
しよう．いま，t の関数 $y(t)$ を考え，t, y および y の1階導関数 y' を含むよ
うな方程式を考える．例えば

$$y' = (1-t)y \tag{5.1}$$

である．この方程式の独立変数は t ひとつだけである．このように従属変数の
導関数を含む方程式のことを**微分方程式**（differential equation）といい，さら
に，独立変数がひとつだけのものを**常微分方程式**（ordinary differential equa-
tion）という．任意の t に対して(5.1)式を満たす解 y は存在するであろうか．
まず，両辺を y で割ると

$$\frac{y'}{y} = 1 - t \tag{5.2}$$

となる．左辺は $(\log|y|)'$ に等しいので，両辺を積分すると

$$\log|y| = -\frac{1}{2}(1-t)^2 + C \tag{5.3}$$

となる．C は積分定数である．したがって A を任意定数として，解

$$y = A \exp\left(-\frac{1}{2}(1-t)^2\right) \tag{5.4}$$

が得られる．

　上の解は常微分方程式を解く方法に従って導いただけである．では，もういちど(5.1)式に戻って，この式がどのような解を要求しているのかを考えてみよう．まず，t の関数 y を仮定する．すると，(5.1)式の右辺から任意の t に対して y' の値が定まる．一方，関数 y を t で微分すれば直接 y' が定まってしまう．解 y とはこの両方の y' がつねに一致しているような t の関数なのである．

　こんどは図を用いて説明する．まず，解 y を仮定するとそのグラフを描くことができる．同時に任意の t においてグラフの接線を引くことができ，その傾きは(5.1)式の右辺に等しくなければならない．図 5-1 に，解 y を得たと仮定したときのグラフと，各 t における接線を短い線分で示す．

　ところが，(5.1)式が与えられた時点では解が未定なのでグラフは描けない．

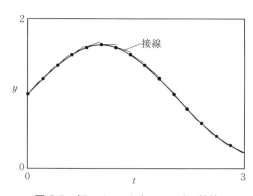

図 5-1　解のグラフと各 t における接線

そこで，(5.1)式の右辺を用いて接線を先に ty 平面の各点で準備しておこう．
図5-2(a)にその様子を示す．もちろん，図中の各線分が接線になるかどうか
は解を求めない限りわからないが，もし解のグラフがその点を通ったなら接線
になるはずの線分である．解 $y(t)$ のグラフは任意の t でこの線分に接してい
る曲線である．このような曲線を図5-2(b)に示す．じつは，図に示すように
答となり得るグラフはいくつもある．このことが(5.4)式に任意定数 A が含ま
れている理由である．

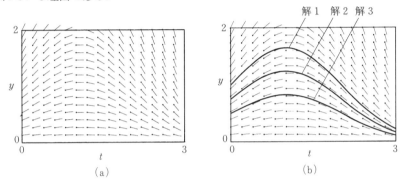

図 5-2　(a)(5.1)式の右辺から定まる各点での接線，(b)接線に接
する解 y のグラフ

次に，(5.1)式に制限条件を加えて解をひとつに定めよう．そのためには
(5.4)式の A の値を指定すればよい．そこで $t=0$ での y の値を

$$y(0) = 1 \tag{5.5}$$

と指定することにする．すると(5.4)式から

$$A = \sqrt{e} \tag{5.6}$$

と A の値が確定し，解は $y=\exp(t-t^2/2)$ と一意に定まる．これは，図5-2
(b)において $t=0$ で解のグラフが通る点を指定することでもある．(5.5)式の
ように，ある t の値での y の値を定める条件のことを，t を時刻と見立てて**初
期条件**（initial condition）という．そして，常微分方程式を初期条件の下で解
く問題を常微分方程式の**初期値問題**（initial value problem）という．

　常微分方程式の問題の分類　　ここで，この章で扱う常微分方程式の問題の
一般的な形のいくつかを示しておく．

$f(u, v)$ を u, v の適当な関数とする．このとき

$$\begin{cases} y' = f(t, y) & (5.7\text{a}) \\ y(0) = a & (5.7\text{b}) \end{cases}$$

は，1階の常微分方程式(5.7a)式を初期条件(5.7b)式の下で解く初期値問題である．ここで a は定数である．さらに，解 $y(t)$ は $t > 0$ の範囲で求めればよいとする．

次に，y_1, y_2 をそれぞれ t の関数，$f_1(u, v, w), f_2(u, v, w)$ をそれぞれ適当な関数とする．このとき

$$\begin{cases} y_1' = f_1(t, y_1, y_2) & (5.8\text{a}) \\ y_2' = f_2(t, y_1, y_2) & (5.8\text{b}) \\ y_1(0) = a_1, \quad y_2(0) = a_2 & (5.8\text{c}) \end{cases}$$

は，**連立1階常微分方程式**(5.8a), (5.8b)式を，(5.8c)式の y_1, y_2 に対する初期条件の下で解く初期値問題である．ここで a_1, a_2 はそれぞれ定数である．解 $y_1(t), y_2(t)$ は(5.8a), (5.8b)式を通じて互いに関連していることに注意して欲しい．

2階以上の高階導関数を含むような初期値問題も存在する．例えば $f(u, v, w)$ を適当な関数とする．このとき，

$$\begin{cases} y'' = f(t, y, y') & (5.9\text{a}) \\ y(0) = a_1, \quad y'(0) = a_2 & (5.9\text{b}) \end{cases}$$

を考える．ここで a_1, a_2 は定数である．y'' は y の2階導関数であり，(5.9a)式は，式中に含まれる導関数の最高階数が2階なので**2階常微分方程式**とよばれる．解 $y(t)$ が定まればその導関数 y', y'' も同時に定まり，それらが任意の $t \,(> 0)$ において(5.9a)式を，$t = 0$ において(5.9b)式を満たさなければならない．

2階常微分方程式には(5.9b)式と異なるタイプの条件を与えることもある．例えば，

$$\begin{cases} y'' = f(t, y, y') & (5.10\text{a}) \\ y(0) = a_1, \quad y(1) = a_2 & (5.10\text{b}) \end{cases}$$

という問題を考える．ここで a_1, a_2 は定数である．(5.10b)式で2つの異なる

t において y の値を与えている点が(5.9b)式と異なる．(5.10b)式のタイプの条件を，t を空間変数に見立てて**境界条件**（boundary condition）といい，(5.10)式は**境界値問題**（boundary value problem）とよばれる．また，この場合は通常 $0 < t < 1$ の範囲の解 $y(t)$ を求める．

　常微分方程式の実例　では次に，常微分方程式の実例を紹介する．常微分方程式は世の中のさまざまな現象を表現することができる．例えばボールを鉛直に投げ上げる状況を想定してみよう．ボールが手を離れた後は重力の法則に従ってボールの位置（高さ）が変化していく．また，手を離れた瞬間のボールの高さと速度を指定すればボールの運動は一意に定まる．時刻 t でのボールの高さを $y(t)$ とすれば，運動の第 2 法則より

$$y'' = -g \tag{5.11}$$

となる．ここで g は重力加速度の大きさである．この式は 2 階の常微分方程式に他ならない．さらに，ボールが手を離れた時刻を $t = 0$ とし，そのときの高さを h，速さを v とすると

$$y(0) = h, \quad y'(0) = v \tag{5.12}$$

となる．これらは初期条件である．ゆえにこのボールの運動は(5.9)式の問題に帰着する．

　上の例では y', y'' がそれぞれボールの速度，加速度に対応している．このように，ある量の導関数はその量の変化率とみなすことができる．もし現象が何らかの変化を伴い，その変化がある法則に支配されているならば，その現象を常微分方程式で記述することができても何ら不思議はない．以下では，常微分方程式が記述することのできる世の中の現象や問題のほんの一部を紹介する．解を初等関数で表わすことができるものは併記しておき，そのグラフを示す．そうでないものは数値計算によって解き，やはりグラフを示す．また，常微分方程式中の係数や初期（境界）条件はなるべく簡単なものに設定している．なお，解を初等関数で表現できないような常微分方程式の問題が世の中に無数に存在しており，この章で紹介する数値計算が役立つことが多い．

1 階常微分方程式の初期値問題

　積分　常微分方程式の最も簡単な問題は，この例のように直ちに積分でき

る形の問題である．積分の問題は第4章でも別に取り上げている．

$$\begin{cases} y' = \sin t & (5.13a) \\ y(0) = 1 & (5.13b) \end{cases}$$

［解］ $y(t) = \displaystyle\int_0^t \sin t\,dt + y(0) = 2 - \cos t$

図5-3に $0 \leqq t \leqq 20$ の範囲での解のグラフを示す．∎

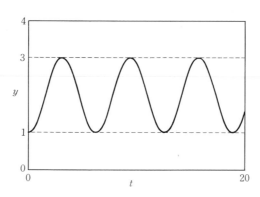

図5-3 (5.13)式の解 $y = 2 - \cos t$

生物の増殖 ある生物が理想的な環境の下でどんどん増殖しているとする．その生物の時刻 t での個体数を $y(t)$ としたときの簡単なモデルである．時刻0での個体数を1とする．

$$\begin{cases} y' = y & (5.14a) \\ y(0) = 1 & (5.14b) \end{cases}$$

［解］ $y(t) = \exp(t)$

図5-4に $0 \leqq t \leqq 5$ の範囲での解のグラフを示す．∎

増殖に上限がある生物 上に述べた生物の増殖モデルは，無限に増殖することを許す単純なものである．そこで，ある程度以上は増殖できないという状況を考慮して，モデルを実際の現象にすこし近づける．時刻 t での生物の個体数を $y(t)$ とし，時刻0での個体数を1とする．

$$\begin{cases} y' = y(5 - y) & (5.15a) \\ y(0) = 1 & (5.15b) \end{cases}$$

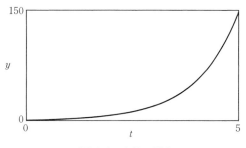

図 5-4　生物の増殖

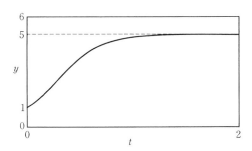

図 5-5　増殖に上限がある生物

$$[\text{解}] \quad y(t) = \frac{5}{1+4\exp(-5t)}$$

図 5-5 に $0 \le t \le 2$ の範囲での解のグラフを示す. ▍

変数係数常微分方程式　　常微分方程式の係数が独立変数に依存する問題である. 物性値が時間(場所)に依存する場合などに登場する.

$$
\begin{cases}
y' = 2ty - 2 & (5.16\text{a}) \\
y(0) = 2 & (5.16\text{b})
\end{cases}
$$

$$[\text{解}] \quad y(t) = \left(2 - 2\int_0^t e^{-s^2}ds\right)e^{t^2}$$

図 5-6 に $0 \le t \le 2$ の範囲での解のグラフを示す. ▍

2 階常微分方程式の初期値問題

　　バネによるおもりの単振動　　図 5-7 のように, 壁に一端を固定されている

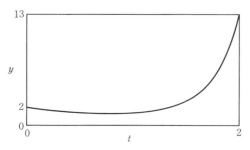

図 5-6 変数係数常微分方程式

バネの他端におもりが取り付けられているとする．このおもりを，少し右に引張ってから手を離す．おもりの中心の，時刻 t におけるつり合いの位置からのずれを $y(t)$ とする．また，時刻 0 でのおもりの位置を $y(0)=1$，おもりの速度を $y'(0)=0$ とする．

$$\begin{cases} y'' = -y & (5.17a) \\ y(0) = 1, \quad y'(0) = 0 & (5.17b) \end{cases}$$

［解］ $y(t) = \cos t$

図 5-8 に $0 \leqq t \leqq 20$ の範囲での解のグラフを示す．▌

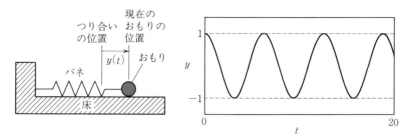

図 5-7 バネとおもりの模式図 　　**図 5-8** バネによるおもりの単振動

減衰振動 　上の単振動では，おもりに働く力はバネによる復元力だけである．この例では，復元力以外におもりの速度 y' に比例する抵抗が働く場合を考える．

$$\begin{cases} y'' + 2ky' + \omega^2 y = 0 & (5.18a) \\ y(0) = 1, \quad y'(0) = 0 & (5.18b) \end{cases}$$

ここで k, ω は，それぞれ抵抗力，復元力の強さを表わす正の定数である．

[解]　(i) $k < \omega$，すなわち，抵抗が小さいとき

$$y(t) = \exp(-kt)\left\{\cos(\sqrt{\omega^2-k^2}\,t) + \frac{k}{\sqrt{\omega^2-k^2}}\sin(\sqrt{\omega^2-k^2}\,t)\right\}$$

(ii) $k > \omega$，すなわち，抵抗が大きいとき（過減衰）

$$y(t) = \frac{1}{2}\left\{\left(\frac{k}{\sqrt{k^2-\omega^2}}+1\right)\exp(-(k-\sqrt{k^2-\omega^2})t)\right.$$

$$\left. -\left(\frac{k}{\sqrt{k^2-\omega^2}}-1\right)\exp(-(k+\sqrt{k^2-\omega^2})t)\right\}$$

図 5-9(a)に $k < \omega$ の場合の解を，図 5-9(b)に $k > \omega$ の場合の解を示す．∎

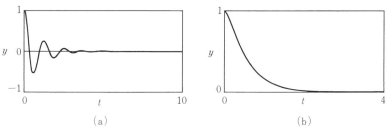

図 5-9　(a) $k < \omega$ の場合($k=1$，$\omega=5$)，(b) $k > \omega$ の場合($k=5$，$\omega=4$)

連立 1 階常微分方程式の初期値問題

　餌の生物とそれを食べる生物の関係　　ある環境下での 2 種類の生物(生物1，生物2とよぶ)の集団を考える．生物2は生物1を食べて生きていくとしよう．すると，生物2は生物1を食べて増殖し，生物1が少ないと減少していく．生物1は生物2が少ないと増殖し，多いと減少する．この状況の簡単なモデルが以下の(5.19)式である．時刻を t とし，生物1, 2 の個体数をそれぞれ y_1, y_2 とする．

$$\begin{cases} y_1' = (2-y_2)y_1 & (5.19a) \\ y_2' = (2y_1-3)y_2 & (5.19b) \\ y_1(0) = 4, \quad y_2(0) = 1 & (5.19c) \end{cases}$$

横軸を y_1，縦軸を y_2 とし，解 $y_1(t), y_2(t)$ が描く曲線 $(y_1(t), y_2(t))$ を図 5-10

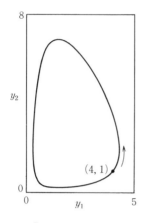

図 5-10　餌の生物 y_1 とそれを食べる生物 y_2 の関係

に示す. ▮

2 階常微分方程式の境界値問題

梁のたわみ　図 5-11 のように，長い梁が両端で固定されているとする.
ただし，梁の左端の位置を $x=0$，高さを 0 とし，右端の位置を $x=1$，高さを
0.1 とする. このとき，梁は自重ですこしたわみ，位置 x における梁の高さを
$y(x)$ とすると，$y(x)$ は次の式に近似的に従う.

$$\begin{cases} y'' = x(1-x) & (5.20a) \\ y(0) = 0, \quad y(1) = 0.1 & (5.20b) \end{cases}$$

［解］　$y(x) = -\dfrac{x^4}{12} + \dfrac{x^3}{6} + \dfrac{x}{60}$

図 5-12 に，解のグラフを示す. ▮

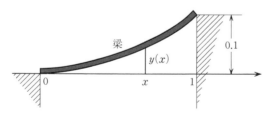

図 5-11　両端を固定した梁のたわみ

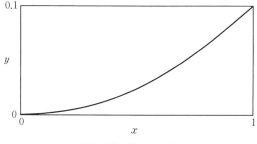

図5-12 梁のたわみ

5-2 微分と差分

微分係数

$f(x)$ を x の関数としたとき，$f(x)$ の $x=a$ における**微分係数**(differential coefficient)は

$$\lim_{h \to 0} \frac{1}{h}\{f(a+h)-f(a)\} \tag{5.21}$$

で定義され，$f'(a)$ 等の記号で表わされる．上式の定義には $\lim_{h \to 0}$ という極限操作が入っている．具体的に $f(x)=x^2$ として，$f'(1)$ を計算してみると

$$f'(1) = \lim_{h \to 0} \frac{1}{h}\{(1+h)^2-1\} = \lim_{h \to 0}(2+h) = 2 \tag{5.22}$$

となる．この例の場合，定義から微分係数を計算することは容易である．次に，$f(x)=\sin x$ としたときの $f'(1)$ はどのように計算されるであろうか．結果は，

$$f'(1) = \lim_{h \to 0} \frac{1}{h}\{\sin(1+h)-\sin 1\} = \lim_{h \to 0} \frac{2}{h}\cos\left(1+\frac{h}{2}\right)\sin\frac{h}{2}$$
$$= \cos 1 = 0.540302\cdots \tag{5.23}$$

となる．上式を導く途中で，3角関数の和を積に直す公式 $\sin A - \sin B = 2\cos\frac{A+B}{2}\sin\frac{A-B}{2}$ と，極限値 $\lim_{x \to 0} \frac{\sin x}{x}=1$ を用いた．

　極限値への収束　では，微分係数の定義どおりに h をだんだん 0 に近づけていくと，どのように極限値としての微分係数に近づいていくのであろうか．

このことを実際に確かめてみるために，$f(x)=\sin x$ の場合に対し微分係数の定義中の $\lim\limits_{h\to0}$ を取り払い，h を有限にとどめておいた

$$D = \frac{1}{h}\{\sin(1+h)-\sin 1\} \tag{5.24}$$

という量を考える．h の絶対値を小さくしていったときの D の値と，微分係数との誤差 $|D-f'(1)|$ の値を，表5-1 にまとめる．この程度の計算であれば，わざわざプログラムを書いて実行する必要はなく，3角関数が計算できる関数電卓を使えばすむ．

表5-1　$D=\{\sin(1+h)-\sin 1\}/h$ と誤差 $|D-f'(1)|$

h	D	誤差	h	D	誤差
1	0.067826	4.7×10^{-1}	-1	0.841470	3.0×10^{-1}
0.1	0.497363	4.3×10^{-2}	-0.1	0.581440	4.1×10^{-2}
0.01	0.536085	4.2×10^{-3}	-0.01	0.544500	4.2×10^{-3}
0.001	0.539881	4.2×10^{-4}	-0.001	0.540722	4.2×10^{-4}
0.0001	0.540260	4.2×10^{-5}	-0.0001	0.540344	4.2×10^{-5}
0.00001	0.540298	4.2×10^{-6}	-0.00001	0.540306	4.2×10^{-6}
$f'(1)=\cos 1=0.540302\cdots$					

この表を見ると，h の絶対値を小さくしていくと D がどんどん $f'(1)$ に近づいていく様子がわかる．$h=\pm0.00001$ で有効数字5桁程度真の値と一致している．ただし，この表には示されていないが，h の絶対値を小さくしすぎると，$\sin(1+h)-\sin 1$ の計算で桁落ちの現象が起こるので逆に結果が悪くなる．

　微分係数の近似値の誤差　　さて，上の計算では(5.23)式のように式の変形を行なったわけではなく，単に $\sin(1+h)$ と $\sin 1$ の値を計算して差を求め，h で割っただけである．つまり，元の関数の値が計算できれば，四則演算だけで微分係数の近似値を求めることができるのである．

　じつは，任意の関数 $f(x)$ に対し，

$$D = \frac{1}{h}\{f(a+h)-f(a)\} \tag{5.25}$$

の値が，ある範囲内で $f'(a)$ と近い値になることを示すことができる．まず，テイラーの公式(1.16b)式を用いると，

$$f(a+h) = f(a) + hf'(a) + \frac{h^2}{2}f''(\xi) \qquad (5.26)$$

となる. ξ は a と $a+h$ の間の数である. これを(5.25)式に代入し, 整理すると

$$D - f'(a) = \frac{h}{2}f''(\xi) \qquad (5.27)$$

となる. 右辺は D と $f'(a)$ との誤差を与える. すると, $h \to 0$ で

$$D - f'(a) = O(h) \qquad (5.28)$$

となる. ただし, $f''(x)$ の値は $x=a$ の付近で有限であるとする. この式は, h が十分小さくなれば D と $f'(a)$ の誤差はせいぜい h に比例して小さくなるということを意味する. 表5-1の結果もそのことを裏付けている.

差分商

この D のように, 関数のいくつかの点における値の差を用いてその関数の微分係数を近似することを**差分近似**(difference approximation)といい, (5.25)式右辺のような量を**差分商**(difference quotient)という. いまの場合は1階微分係数を近似する1階差分商である. さらに, Δx を正の数としたとき,

$$\frac{1}{\Delta x}\{f(a+\Delta x) - f(a)\} \qquad (5.29)$$

を $x=a$ における**前進差分商**(forward difference quotient)といい,

$$\frac{1}{\Delta x}\{f(a) - f(a-\Delta x)\} \qquad (5.30)$$

を**後退差分商**(backward difference quotient)という. 前者は(5.25)式で $h = \Delta x$ とした場合に相当し, 後者は $h = -\Delta x$ とした場合に相当する.

　その他に,

$$\frac{1}{\Delta x}\left\{f\left(a+\frac{\Delta x}{2}\right) - f\left(a-\frac{\Delta x}{2}\right)\right\} \qquad (5.31)$$

を $x=a$ における**中心差分商**(central difference quotient)という. テイラーの公式(1.16c)式を用いると,

$$\frac{1}{\Delta x}\left\{f\left(a+\frac{\Delta x}{2}\right)-f\left(a-\frac{\Delta x}{2}\right)\right\}$$

$$=\frac{1}{\Delta x}\left[f(a)+\frac{\Delta x}{2}f'(a)+\frac{(\Delta x)^2}{8}f''(a)+\frac{(\Delta x)^3}{48}f'''(\xi_1)\right.$$

$$\left.-\left\{f(a)-\frac{\Delta x}{2}f'(a)+\frac{(\Delta x)^2}{8}f''(a)-\frac{(\Delta x)^3}{48}f'''(\xi_2)\right\}\right]$$

$$=f'(a)+\frac{(\Delta x)^2}{48}(f'''(\xi_1)+f'''(\xi_2))$$

$$=f'(a)+O((\Delta x)^2) \tag{5.32}$$

となる．ただし，ξ_1, ξ_2 はそれぞれ $a<\xi_1<a+\dfrac{\Delta x}{2}$, $a-\dfrac{\Delta x}{2}<\xi_2<a$ を満たす数である．前進もしくは後退差分商では，$f'(a)$ との誤差の大きさが $O(\Delta x)$ であるのに対し，中心差分商では $O((\Delta x)^2)$ であり，$\Delta x \to 0$ で $f'(a)$ にもっと速く収束する．そのことを例で確認するために，表5-2に $\sin x$ の $x=1$ における中心差分商の値と誤差を示す．

表 5-2 　$\sin x$ の $x=1$ における
中心差分商と誤差

Δx	中心差分商	誤差
1	0.51806944799	2.2×10^{-2}
0.1	0.54007720804	2.3×10^{-4}
0.01	0.54030005461	2.3×10^{-6}
0.001	0.54030228335	2.3×10^{-8}
0.0001	0.54030230564	2.2×10^{-10}
$f'(1)=\cos 1=0.54030230586\cdots$		

　Δx を1桁小さくすると，誤差はだいたい2桁小さくなっている．さらに，表5-1の前進もしくは後退差分商と比べてみると，この表の範囲では同じ Δx に対して中心差分商の方が誤差がずっと小さい．

　2階差分商　　次に，2階微分係数を近似する2階差分商を考える．まず，$f''(a)$ を近似する2階差分商の代表的な例を，誤差の評価とともに以下に示す．

$$f''(a)=\frac{1}{(\Delta x)^2}\{f(a+2\Delta x)-2f(a+\Delta x)+f(a)\}+O(\Delta x) \tag{5.33a}$$

$$f''(a) = \frac{1}{(\varDelta x)^2}\{f(a) - 2f(a - \varDelta x) + f(a - 2\varDelta x)\} + O(\varDelta x) \quad (5.33\text{b})$$

$$f''(a) = \frac{1}{(\varDelta x)^2}\{f(a + \varDelta x) - 2f(a) + f(a - \varDelta x)\} + O((\varDelta x)^2) \quad (5.33\text{c})$$

いずれの式もテイラーの公式を用いれば確認できる. 表5-3に$f(x) = \sin x$と
したときの$a = 1$における(5.33a)〜(5.33c)式の差分商の値を示す. 2階微分
係数の値は, $f''(1) = -\sin 1 = -0.8414709848\cdots$である.

表5-3 $\sin x$の$x = 1$における2階差分商の値

$\varDelta x$	(5.33a)式	(5.33b)式	(5.33c)式
1	-0.8360038607	0	-0.7736445427
0.1	-0.8904649347	-0.7826743547	-0.8407699926
0.01	-0.8468247877	-0.8360190117	-0.8414639725
0.001	-0.8420107959	-0.8409301919	-0.8414709147
0.0001	-0.8415250163	-0.8414169472	-0.8414709817

$f''(1) = -\sin 1 = -0.8414709848\cdots$

微分を2回適用すれば2階微分係数を得るのと同様に, (5.33a)〜(5.33c)
式は, それぞれ前進, 後退, 中心差分を2回適用すれば得られる. 例えば前進
差分を2回適用すると,

$$\frac{1}{\varDelta x}\left[\frac{1}{\varDelta x}\{f(a + 2\varDelta x) - f(a + \varDelta x)\} - \frac{1}{\varDelta x}\{f(a + \varDelta x) - f(a)\}\right]$$

$$= \frac{1}{(\varDelta x)^2}\{f(a + 2\varDelta x) - 2f(a + \varDelta x) + f(a)\} \quad (5.34)$$

となり(5.33a)式が得られる. ただし,

$$f''(a) = \frac{4}{(\varDelta x)^2}\left\{-f(a + \varDelta x) + 4f\left(a + \frac{\varDelta x}{2}\right) - 5f(a) + 2f\left(a - \frac{\varDelta x}{2}\right)\right\} + O(\varDelta x)$$

$$(5.35)$$

というように微分係数を近似する差分商はいろいろ考えられる. そのような差
分商を作るには, 誤差をテイラーの公式で評価し, $\varDelta x \to 0$の極限で誤差が0に
なるように工夫すればよい.

5-3 差分方程式

微分方程式と差分方程式

この節では，(5.7)式で表わされる 1 階常微分方程式の初期値問題を考える．
(5.7)式をもういちど以下に示す．

$$\begin{cases} y' = f(t, y) & (5.36\text{a}) \\ y(0) = a & (5.36\text{b}) \end{cases}$$

求めたいものは，$t>0$ の範囲の $y(t)$ であり，関数 $f(u,v)$ および定数 a は与
えられているとする．また，$f(u,v)$ の値は u,v が与えられればいつでも計算
できると仮定する．

　この初期値問題を数値計算で解くためにはどうすればよいであろうか．
(5.36a)式の左辺に数値計算が苦手とする微分係数がある．そこで微分係数を
差分商で置き換えてみよう．前節で示したように，差分商は微分係数を近似で
きるからである．前進差分商を採用すると，

$$\frac{1}{\Delta t}\{y(t+\Delta t)-y(t)\} = f(t, y(t)) \tag{5.37}$$

となる．t が独立変数なので，前節で用いた Δx の代わりに Δt を用い，Δt は
正の数とする．(5.37)式と(5.36a)式は異なる方程式であるので，(5.36a)式
の $y(t)$ は一般に(5.37)式を満たさない．そこで，混乱を防ぐために(5.37)式
の $y(t)$ を $Y(t)$ と書き換えることにする．

$$\frac{1}{\Delta t}\{Y(t+\Delta t)-Y(t)\} = f(t, Y(t)) \tag{5.38}$$

(5.38)式のように差分を含む方程式を**差分方程式**(difference equation)という．
さらに，微分方程式の解 $y(t)$ を**微分解**，差分方程式の解 $Y(t)$ を**差分解**と本
書ではよぶことにする．（正しくは，前者を微分方程式の解，後者を差分方程
式の解というべきであるが，長くなるのでこれらの用語を用いる．）

　格子点　　次に，(5.36b)式の y を Y に置き換えた初期条件

$$Y(0) = a \tag{5.39}$$

の下で(5.38)式を解くことを考える. (5.38)式は

$$Y(t+\Delta t) = Y(t)+\Delta t f(t, Y(t)) \tag{5.40}$$

と変形できるので, $t=0$ を代入すると,

$$Y(\Delta t) = Y(0)+\Delta t f(0, Y(0)) = a+\Delta t f(0, a) \tag{5.41}$$

となり, $Y(0)$ から直ちに $Y(\Delta t)$ が定まる. 同様にして(5.40)式を繰り返し用いると,

$$Y(2\Delta t) = Y(\Delta t)+\Delta t f(\Delta t, Y(\Delta t))$$
$$Y(3\Delta t) = Y(2\Delta t)+\Delta t f(\Delta t, Y(2\Delta t)) \tag{5.42}$$

$$\cdots\cdots\cdots\cdots\cdots$$

というように, $Y((j+1)\Delta t)$ を $Y(j\Delta t)$ から計算できる.

Δt をいったん決めてしまうと, $t=j\Delta t$ 以外の時刻の Y の値は(5.40)式からは求められない. このように, 差分方程式を解くと従属変数はとびとびの時刻で値が定まる. そのようなとびとびの時刻を**格子点**(grid point)という. Y は格子点でだけ意味があるので, そのことを明示するために $Y(j\Delta t)$ を Y_j と書き換え, $t_j=j\Delta t$ とする. すると, (5.38)式と初期条件は,

$$\begin{cases} \dfrac{1}{\Delta t}\{Y_{j+1}-Y_j\} = f(t_j, Y_j) & \text{(5.43a)} \\[2mm] Y_0 = a & \text{(5.43b)} \end{cases}$$

となり, 結局, (5.36)式の常微分方程式の初期値問題が, Y_j に関する漸化式の問題(5.43)式に置き換えられたことになる.

微分解と差分解の関係　(5.36a)式は(5.43a)式と別物であるが, 微分係数を差分商に置き換えただけである. ゆえに Δt がある程度小さければ Y_j が $y(t_j)$ に近い値になることを期待できる. そのことを直観的に把握するため, 図 5-2 をもういちど見てみよう. いま, (5.1)式の初期値問題

$$\begin{cases} y' = (1-t)y \\ y(0) = 1 \end{cases} \tag{5.44}$$

を考える. この問題を上で説明した方法で差分方程式の初期値問題に直すと,

$$\begin{cases} \dfrac{1}{\Delta t}\{Y_{j+1}-Y_j\} = (1-t_j)\,Y_j \\ Y_0 = 1 \end{cases} \tag{5.45}$$

となる. 微分解と $\Delta t=0.2$ の場合の差分解を図 5-13 に示す.

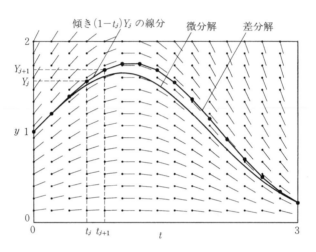

図 5-13 微分解と差分解($\Delta t=0.2$)

差分解の方は格子点でのみ値をもつので, 得られた点同士を直線で結んで折れ線グラフにしよう. すると, 差分解のグラフは接線の分布をもとにして解をおおざっぱに予想した感じのグラフになっている. さらに, Δt がもっと小さいと差分解が微分解の変動に追随でき, そのときの折れ線グラフは格子点以外の時刻でも微分解のグラフを近似することが期待できる. 以上のように, 微分の問題を差分の問題に置き換え, 格子点上の値を数値計算し, 得られた差分解から微分解を推定する方法を**差分法**(difference method)という.

代表的な差分法

ところで, (5.43a)式は(5.36a)式の近似方程式のひとつに過ぎず, その他にもいろいろな差分方程式が考えられる. 以下に, 代表的な方法の差分方程式を, 名前とともに3つ挙げる.

(1) **オイラー法** (Euler's method)

$$\frac{1}{\Delta t}\{Y_{j+1}-Y_j\} = f(t_j, Y_j) \tag{5.46a}$$

（2）ホイン法（Heun's method）

$$k_1 = f(t_j, Y_j), \qquad k_2 = f(t_j+\Delta t, Y_j+\Delta t k_1)$$

として

$$\frac{1}{\Delta t}\{Y_{j+1}-Y_j\} = \frac{1}{2}(k_1+k_2) \tag{5.46b}$$

（3）ルンゲ-クッタ法（Runge-Kutta method）

$$\begin{cases} k_1 = f(t_j, Y_j), & k_2 = f\left(t_j+\frac{\Delta t}{2}, Y_j+\frac{\Delta t}{2}k_1\right) \\ k_3 = f\left(t_j+\frac{\Delta t}{2}, Y_j+\frac{\Delta t}{2}k_2\right), & k_4 = f(t_j+\Delta t, Y_j+\Delta t k_3) \end{cases}$$

として

$$\frac{1}{\Delta t}\{Y_{j+1}-Y_j\} = \frac{1}{6}(k_1+2k_2+2k_3+k_4) \tag{5.46c}$$

ここで，（1）～（3）の方法のどれにも初期条件として $Y_0=a$ を用いる．（5.43）式はオイラー法である．ホイン法では，k_1 の値を計算した後に，その k_1 を用いて k_2 の値を計算する．ルンゲ-クッタ法でも，一見複雑であるが，k_1, k_2, k_3, k_4 の順に定まっていく形をしている．（1）～（3）のすべての方法で，Y_{j+1} の計算に1つ前の時刻の Y_j の値しか用いていない．このような方法を**1段階法**（single step method）という．これに対し，Y_{j+1} の計算に Y_j, Y_{j-1} など複数個の前の時刻の値を用いる方法を**多段階法**（multistep method）というが，本書では解説しない．

オイラー法とルンゲ-クッタ法のアルゴリズム

上の3つの方法のうちオイラー法とルンゲ-クッタ法について，それぞれアルゴリズムを以下に示す．ただし，どちらも上の漸化式を忠実に翻訳した形を採用した．解を求める時刻の上限値を T とし，適当な自然数 N を定めて $\Delta t = T/N$ とする．

オイラー法

(1)　T, N を設定する

　　　$\Delta t := T/N$

　　　$Y := a$

(2)　┌ $j := 0, 1, \cdots, N-1$ の順に

　　　│　$t := j\Delta t$

　　　│　$Y := Y + \Delta t f(t, Y)$

　　　└ を繰り返す

ルンゲ-クッタ法

(1)　T, N を設定する

　　　$\Delta t := T/N$

　　　$Y := a$

(2)　┌ $j := 0, 1, \cdots, N-1$ の順に

　　　│　$t := j\Delta t$

　　　│　$k_1 := f(t, Y)$

　　　│　$k_2 := f\left(t + \dfrac{\Delta t}{2}, Y + \dfrac{\Delta t}{2} k_1\right)$

　　　│　$k_3 := f\left(t + \dfrac{\Delta t}{2}, Y + \dfrac{\Delta t}{2} k_2\right)$

　　　│　$k_4 := f(t + \Delta t, Y + \Delta t k_3)$

　　　│　$Y := Y + \dfrac{\Delta t}{6}(k_1 + 2k_2 + 2k_3 + k_4)$

　　　└ を繰り返す

近似の考え方と計算の手間

さて，オイラー法，ホイン法，ルンゲ-クッタ法の3つの差分法は元の微分方程式(5.36a)式をどのように近似しているであろうか．まず，3つの方法のいずれも(5.36a)式の左辺の微分係数を前進差分商 $\dfrac{1}{\Delta t}\{Y_{j+1} - Y_j\}$ で置き換えている．そして，オイラー法では(5.36a)式の右辺の $f(t, y)$ を $t = t_j$ での近似値 $f(t_j, Y_j)$ で置き換えている．ホイン法では，k_2 を定義する関数 f の2番目の引

数が, $Y_j + \Delta t k_1 = Y_j + \Delta t f(t_j, Y_j)$ となっている. これはオイラー法で Y_j から Y_{j+1} を計算する形と同じである. したがって, ホイン法では, $t = t_j$ での f の近似値 k_1 と $t = t_{j+1}$ での f の近似値 k_2 との平均値を, 最終的な $f(t, y)$ の近似値にしているとみなすことができる. ルンゲ-クッタ法ではさらに複雑になる. $t = t_j$ での f の近似値 k_1, $t = t_j + \Delta t/2$ という格子点に含まれない時刻での近似値 k_2, k_3, および, $t = t_{j+1}$ での近似値 k_4 を $(k_1 + 2k_2 + 2k_3 + k_4)/6$ と重みをかけて平均し, $f(t, y)$ の近似値としている.

どの方法でも, $f(t, y)$ の計算の手間が他の計算の手間よりもずっと大きいと一般に仮定できる. すると同じ Δt に対して, オイラー法, ホイン法, ルンゲ-クッタ法の計算の手間の比がほぼ $1:2:4$ になることが, それぞれの差分方程式中に現われる f の数からわかる.

局所打ち切り誤差

これら3つの差分法は, いずれも微分方程式(5.36a)式を近似しているが, その近似のよさを示す目安を次に説明する. 各方法の差分方程式はどれも $\frac{1}{\Delta t}\{Y_{j+1} - Y_j\} = F(t_j, Y_j)$ という形をしている. F は各方法に応じて定まる関数である. 例えば, ホイン法では

$$F(t_j, Y_j) = \frac{1}{2}\{f(t_j, Y_j) + f(t_j + \Delta t, Y_j + \Delta t f(t_j, Y_j))\} \tag{5.47}$$

となる.

いま $t = t_j$ での微分解の値 $y(t_j)$ を差分方程式の Y_j に代入し, Y_{j+1} を計算すると,

$$Y_{j+1} = y(t_j) + \Delta t F(t_j, y(t_j)) \tag{5.48}$$

となる. このとき Y_{j+1} と $y(t_{j+1})$ との誤差

$$|y(t_{j+1}) - Y_{j+1}| = |y(t_{j+1}) - y(t_j) - \Delta t F(t_j, y(t_j))| \tag{5.49}$$

は, 差分解と微分解がどれだけずれているかを示す目安になる. なぜならば上の量は「時刻 t_j で微分解がわかっているときに次の時刻 t_{j+1} での解を差分法で計算すれば, それがどれだけ微分解とずれているか」を示しているからである. ただし, 時刻 t_j では正確な微分解がわかっているという前提の下で評価されており, 最初から差分方程式に従って Y_j を次々に計算すると微分解から

どうずれていくかは見積もっていない．しかしながら，上の量は F の具体形が与えられたときに容易に計算できるので，微分解と差分解の近さをおおざっぱに示す指標としてよく用いられる．

上の量を Δt で割った量

$$\delta = \left| \frac{y(t_{j+1}) - y(t_j)}{\Delta t} - F(t_j, y(t_j)) \right| \qquad (5.50)$$

を局所打ち切り誤差(local truncation error)という．(Δt で割る前の量をそう呼んでいる書物もある．) 局所打ち切り誤差を $O((\Delta t)^p)$ という形で評価したとき，p を次数(order)とよび，その差分方程式は p 次の公式であるという．p の値が大きいほど，Δt を小さくしたときの誤差が急激に小さくなり，元の微分方程式に対するよい近似になっていると考えられる．

オイラー法では，テイラーの公式(1.16b)式から $y(t_{j+1}) = y(t_j) + \Delta t y'(t_j) + O((\Delta t)^2)$ であることに注意すると，

$$\frac{y(t_{j+1}) - y(t_j)}{\Delta t} - f(t_j, y(t_j)) = y'(t_j) - f(t_j, y(t_j)) + O(\Delta t)$$
$$= O(\Delta t) \qquad (5.51)$$

となり，1次の公式であることがわかる．ホイン法，ルンゲ-クッタ法では，もっと計算が複雑になるが，同様の計算からそれぞれ2次，4次の公式であることがわかる．

5-4 1階常微分方程式の初期値問題

オイラー法の計算例　前節で1階常微分方程式の差分法の準備が整った．そこで，この節では5-1節に挙げた微分方程式を例にして，具体的な数値計算に話を進める．まず，(5.13)式の初期値問題

$$\begin{cases} y' = \sin t & (5.52a) \\ y(0) = 1 & (5.52b) \end{cases}$$

にオイラー法を適用する．すると差分方程式と初期条件は，

$$\begin{cases} \dfrac{Y_{j+1}-Y_j}{\Delta t} = \sin t_j & (5.53\text{a}) \\[2mm] Y_0 = 1 & (5.53\text{b}) \end{cases}$$

となる．この式を用いて(5.52)式を満たす y の $t=1$ での値を推定することにする．

N を任意の自然数とし，$\Delta t=1/N$ とすれば $N\Delta t=1$ となるので，Y_N を計算すればよい．計算手順は 94 ページのオイラー法のアルゴリズムに従う．$N=10,100,1000,10000$ に対し，それぞれ Y_N を計算した結果を表 5-4 に示す．微分解の値は，$y(1)=2-\cos 1=1.459697\cdots$ である．

表 5-4　N に対する Y_N の変化

N	Δt	Y_N
10	0.1	1.417240
100	0.01	1.455486
1000	0.001	1.459276
10000	0.0001	1.459655

$$y(1)=2-\cos 1=1.459697\cdots$$

(5.52a)式の両辺を t について 0 から 1 まで積分し，初期条件(5.52b)式を考慮すると，$y(1)=1+\displaystyle\int_0^1 \sin t\,dt$ となる．右辺の積分の部分は，図 5-14(a)の網掛け部分のように $0\leqq t\leqq 1$ の範囲で曲線 $y=\sin t$ と t 軸との間にはさまれた領域の面積に等しい．一方，(5.53)式の差分解は，$Y_N=1+\Delta t\displaystyle\sum_{j=0}^{N-1}\sin t_j$ となる．

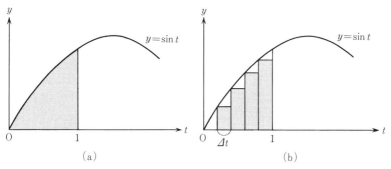

図 5-14　(a)網掛け部は $\displaystyle\int_0^1 \sin t\,dt$，(b)網掛け部は $\Delta t\displaystyle\sum_{j=0}^{N-1}\sin t_j$

$\Delta t \sum_{j=0}^{N-1} \sin t_j$ の部分は図 5-14(b) の網掛け部分の面積を求めることに相当する.
図 5-14(b) の網掛け部分の面積は, Δt を小さくすると, 図 5-14(a) の網掛け部分の面積を区分求積法によって求めることに他ならない. したがって, Δt を小さくすれば Y_N が $y(1)$ の値に近づいていく. 表 5-4 からも, $\Delta t = 0.1, 0.01,$ $0.001, 0.0001$ と小さくしていくと, 真の値と一致する桁数が $2, 3, 4, 5$ 桁というように増えていく様子がわかる. さらに, $\Delta t = 0.001$ と $\Delta t = 0.0001$ での Y_N の値が先頭から 4 桁一致しているから, 真の値はだいたい $1.459\cdots$ であろうと見当がつく.

各方法の計算結果の比較　　次に, (5.14) 式の初期値問題

$$\begin{cases} y' = y \\ y(0) = 1 \end{cases} \tag{5.54}$$

について考える. この問題にオイラー法, ホイン法, ルンゲ-クッタ法を適用して数値計算を行なう. 図 5-15 に微分解 $\exp(t)$ と, $\Delta t = 1/2$ の場合の差分解をグラフにして比較する. 差分解のグラフでは, 格子点での値を ● などの印で示し, 隣りあった印同士を直線で結んでいる. この図から次数の高い公式ほど微分解に近いことがわかる. 特に, ルンゲ-クッタ法の差分解は微分解とほとんど一致している.

また, オイラー法を用いて $\Delta t = 1/2, 1/4, 1/8, 1/16$ とした場合に得られた差

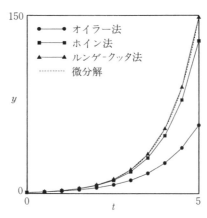

図 5-15　$\Delta t = 1/2$ のときの各方法の比較

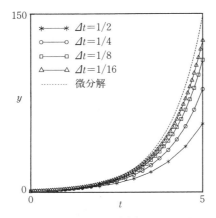

図5-16 オイラー法による差分解の Δt に対する変化

表5-5 各方法による Y_N の比較（括弧内は誤差）

Δt	オイラー法	ホイン法	ルンゲ-クッタ法
0.1	2.59374246010 (1.24×10^{-1})	2.71408084660 (4.20×10^{-3})	2.71827974413 (2.08×10^{-6})
0.01	2.70481382942 (1.34×10^{-2})	2.71823686255 (4.49×10^{-5})	2.71828182823 (2.24×10^{-10})

$y(1) = e = 2.7182818284590\cdots$

分解をグラフにして図5-16にまとめる．この図から Δt を小さくするほど微
分解に近づくことがわかる．さらに，各方法で $\Delta t = 0.1, 0.01$ としたときの
$y(1)$ の推定値，すなわち Y_N $(N = 1/\Delta t)$ の値を表5-5に示す．オイラー法，
ホイン法，ルンゲ-クッタ法で Δt を $1/10$ にすると，それぞれ誤差がだいたい
$1/10, 1/10^2, 1/10^4$ になることを表から読み取ることができる．結局，公式の次
数が高い方法ほど速く真の答に収束していく．そして，ルンゲ-クッタ法が計
算の手間の多さという不利を十分にカバーするだけのよい結果を与えている．

5-5 連立1階もしくは2階常微分方程式の初期値問題

連立1階常微分方程式と2階常微分方程式の関係

この節では，5-1節の連立1階常微分方程式(5.8)式と2階常微分方程式(5.9)式の初期値問題について考える．もういちど，両式を以下に示す．

$$\begin{cases} y_1' = f_1(t, y_1, y_2) \\ y_2' = f_2(t, y_1, y_2) \\ y_1(0) = a_1, \quad y_2(0) = a_2 \end{cases} \tag{5.55}$$

$$\begin{cases} y'' - f(t, y, y') \\ y(0) = a_1, \quad y'(0) = a_2 \end{cases} \tag{5.56}$$

求めるものは，(5.55)式では $t > 0$ の範囲の $y_1(t)$ と $y_2(t)$ であり，(5.56)式では $t > 0$ の範囲の $y(t)$ である．

じつは，(5.56)式の問題を(5.55)式の問題に帰着させることができる．(5.56)式で $y(t), y'(t)$ をそれぞれ $y_1(t), y_2(t)$ と書き換えると，(5.56)式の問題は次の問題と等価になる．

$$\begin{cases} y_1' = y_2 \\ y_2' = f(t, y_1, y_2) \\ y_1(0) = a_1, \quad y_2(0) = a_2 \end{cases} \tag{5.57}$$

(5.55)式で $f_1(t, y_1, y_2) = y_2$, $f_2(t, y_1, y_2) = f(t, y_1, y_2)$ とすれば(5.57)式と一致し，たしかに(5.56)式は(5.55)式の特別な場合となっている．そこで，(5.56)式を解くときには(5.57)式に変形することにし，(5.55)式の差分法だけを以下で説明する．

連立1階常微分方程式の差分法

まず，(5.55)式の2つの微分方程式はいずれも1階の常微分方程式なので，5-3, 5-4節で説明した従属変数が1つの場合の1階常微分方程式の差分法が応用できる．Δt を正の数，$t_j = j\Delta t$ とし，$Y_j^{(1)}, Y_j^{(2)}$ をそれぞれ微分解 $y_1(t_j), y_2(t_j)$ に対応する差分解とする．

オイラー法を応用すると，(5.55)式の問題は

$$\begin{cases} \dfrac{1}{\Delta t}(Y_{j+1}^{(1)} - Y_j^{(1)}) = f_1(t_j, Y_j^{(1)}, Y_j^{(2)}) \\[2mm] \dfrac{1}{\Delta t}(Y_{j+1}^{(2)} - Y_j^{(2)}) = f_2(t_j, Y_j^{(1)}, Y_j^{(2)}) \\[2mm] Y_0^{(1)} = a_1, \qquad Y_0^{(2)} = a_2 \end{cases} \tag{5.58}$$

と近似できる. また, ルンゲ–クッタ法を応用すると,

$$\begin{cases} \dfrac{1}{\Delta t}(Y_{j+1}^{(1)} - Y_j^{(1)}) = \dfrac{1}{6}(k_1^{(1)} + 2k_2^{(1)} + 2k_3^{(1)} + k_4^{(1)}) \\[2mm] \dfrac{1}{\Delta t}(Y_{j+1}^{(2)} - Y_j^{(2)}) = \dfrac{1}{6}(k_1^{(2)} + 2k_2^{(2)} + 2k_3^{(2)} + k_4^{(2)}) \\[2mm] Y_0^{(1)} = a_1, \qquad Y_0^{(2)} = a_2 \end{cases} \tag{5.59}$$

となる. ただし, $n = 1, 2$ に対して

$$\begin{cases} k_1^{(n)} = f_n(t_j, Y_j^{(1)}, Y_j^{(2)}) \\[2mm] k_2^{(n)} = f_n\!\left(t_j + \dfrac{\Delta t}{2}, Y_j^{(1)} + \dfrac{\Delta t}{2}k_1^{(1)}, Y_j^{(2)} + \dfrac{\Delta t}{2}k_1^{(2)}\right) \\[2mm] k_3^{(n)} = f_n\!\left(t_j + \dfrac{\Delta t}{2}, Y_j^{(1)} + \dfrac{\Delta t}{2}k_2^{(1)}, Y_j^{(2)} + \dfrac{\Delta t}{2}k_2^{(2)}\right) \\[2mm] k_4^{(n)} = f_n(t_j + \Delta t, Y_j^{(1)} + \Delta t k_3^{(1)}, Y_j^{(2)} + \Delta t k_3^{(2)}) \end{cases} \tag{5.60}$$

とする. $k_i^{(n)}$ は, $Y_j^{(1)}, Y_j^{(2)}$ の値から $(k_1^{(1)}, k_1^{(2)}) \to (k_2^{(1)}, k_2^{(2)}) \to (k_3^{(1)}, k_3^{(2)}) \to$ $(k_4^{(1)}, k_4^{(2)})$ の順に計算される. なお, ホイン法については省略する.

オイラー法とルンゲ–クッタ法のアルゴリズム

では, オイラー法とルンゲ–クッタ法のアルゴリズムを示す. ただし, どちらも上の漸化式を忠実に翻訳した形を採用した. 解を求める時刻の上限値を T とし, 適当な自然数 N を定めて $\Delta t = T/N$ とする.

オイラー法

(1) T, N を設定する

$\Delta t := T/N$

$Y^{(1)} := a_1, \ Y^{(2)} := a_2$

(2) $\left[\begin{array}{l}\end{array}\right.$ $j := 0, 1, \cdots, N-1$ の順に

$\quad t := j\varDelta t$

$\quad new\_Y^{(1)} := Y^{(1)} + \varDelta t f_1(t, Y^{(1)}, Y^{(2)})$

$\quad new\_Y^{(2)} := Y^{(2)} + \varDelta t f_2(t, Y^{(1)}, Y^{(2)})$

$\quad Y^{(1)} := new\_Y^{(1)}$

$\quad Y^{(2)} := new\_Y^{(2)}$

を繰り返す

ルンゲ-クッタ法

(1)　T, N を設定する

$\quad \varDelta t := T/N$

$\quad Y^{(1)} := a_1, \quad Y^{(2)} := a_2$

(2) $\left[\begin{array}{l}\end{array}\right.$ $j := 0, 1, \cdots, N-1$ の順に

$\quad t := j\varDelta t$

$\quad k_1^{(1)} := f_1(t, Y^{(1)}, Y^{(2)})$

$\quad k_1^{(2)} := f_2(t, Y^{(1)}, Y^{(2)})$

$\quad k_2^{(1)} := f_1\left(t + \dfrac{\varDelta t}{2}, Y^{(1)} + \dfrac{\varDelta t}{2} k_1^{(1)}, Y^{(2)} + \dfrac{\varDelta t}{2} k_1^{(2)}\right)$

$\quad k_2^{(2)} := f_2\left(t + \dfrac{\varDelta t}{2}, Y^{(1)} + \dfrac{\varDelta t}{2} k_1^{(1)}, Y^{(2)} + \dfrac{\varDelta t}{2} k_1^{(2)}\right)$

$\quad k_3^{(1)} := f_1\left(t + \dfrac{\varDelta t}{2}, Y^{(1)} + \dfrac{\varDelta t}{2} k_2^{(1)}, Y^{(2)} + \dfrac{\varDelta t}{2} k_2^{(2)}\right)$

$\quad k_3^{(2)} := f_2\left(t + \dfrac{\varDelta t}{2}, Y^{(1)} + \dfrac{\varDelta t}{2} k_2^{(1)}, Y^{(2)} + \dfrac{\varDelta t}{2} k_2^{(2)}\right)$

$\quad k_4^{(1)} := f_1(t + \varDelta t, Y^{(1)} + \varDelta t k_3^{(1)}, Y^{(2)} + \varDelta t k_3^{(2)})$

$\quad k_4^{(2)} := f_2(t + \varDelta t, Y^{(1)} + \varDelta t k_3^{(1)}, Y^{(2)} + \varDelta t k_3^{(2)})$

$\quad Y^{(1)} := Y^{(1)} + \dfrac{\varDelta t}{6}(k_1^{(1)} + 2k_2^{(1)} + 2k_3^{(1)} + k_4^{(1)})$

$\quad Y^{(2)} := Y^{(2)} + \dfrac{\varDelta t}{6}(k_1^{(2)} + 2k_2^{(2)} + 2k_3^{(2)} + k_4^{(2)})$

を繰り返す

単振動の計算例　バネによるおもりの単振動を記述している(5.17)式の初

期値問題

$$\begin{cases} y'' = -y \\ y(0) = 1, \quad y'(0) = 0 \end{cases}$$

を，上の解法を用いて解く．微分解は $y(t) = \cos t$ であることがわかっている．
上の問題は，前に述べた手続きに従って $y_1(t) = y(t)$, $y_2(t) = y'(t)$ とおくと，

$$\begin{cases} y_1' = y_2 \\ y_2' = -y_1 \\ y_1(0) = 1, \quad y_2(0) = 0 \end{cases} \tag{5.61}$$

という連立1階常微分方程式の問題に帰着する．

$\Delta t = 0.1$ の場合にオイラー法を用いて数値計算し，$Y_j^{(1)}$ をプロットしたもの
が図5-17である．微分解を見ずに差分解だけを見ていると，計算結果がもっ
ともらしく思える．ところが，元の微分方程式が表わしている現象，すなわち，
バネによるおもりの単振動に対して，この結果から以下の誤った結論を導く可
能性が生じる．「$Y_j^{(1)}$ は j が大きくなるにつれて値のふれが大きくなる，つま
り，単振動では時間が経つにつれて振幅が大きくなる．」微分解を見れば，こ
の結論が誤りであることは明らかである．

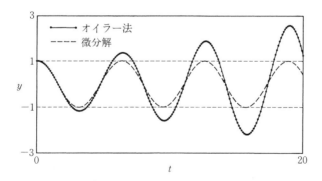

図5-17 オイラー法による差分解（$\Delta t = 0.1$）と微分解

そこで Δt を前の1/4の0.025にして数値計算を行なった結果を図5-18(a)
に，ルンゲ-クッタ法を適用して $\Delta t = 0.2$ で数値計算を行なった結果を図5-18
(b)に示す．図5-18(a)では振幅のふれの変化が図5-17に比べて小さくなって

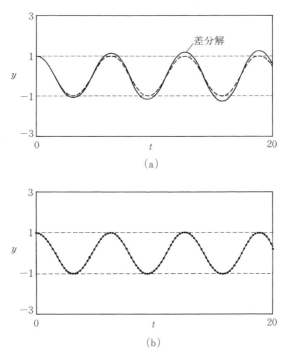

図 5-18 (a)オイラー法による差分解($\Delta t = 0.025$),
(b)ルンゲ-クッタ法による差分解($\Delta t = 0.2$)

いる.また,図 5-18(b)では微分解とぴったり一致している.以上のことか
ら,ある方法の1回だけの数値計算から結論を導くことが危険であることがわ
かる.

減衰振動の計算例　次に,$k=5$,$\omega=4$ の場合の(5.18)式の初期値問題

$$\begin{cases} y'' + 10y' + 16y = 0 \\ y(0) = 1, \quad y'(0) = 0 \end{cases} \tag{5.62}$$

を考える.まず,(5.62)式を連立1階常微分方程式に変形する.

$$\begin{cases} y_1' = y_2 \\ y_2' = -16y_1 - 10y_2 \\ y_1(0) = 1, \quad y_2(0) = 0 \end{cases} \tag{5.63}$$

この式にオイラー法を適用し,$\Delta t = 0.1$ として数値計算した結果を,図 5-19

(a)に示す．(5.62)式の微分解は

$$y(t) = \frac{1}{3}\{4\exp(-2t) - \exp(-8t)\} \qquad (5.64)$$

であることがわかっており，図中に点線で示している．微分解と差分解がだい
たい一致しており，オイラー法の近似の度合いを考え合わせると満足できる結
果となっている．そこで，Δt をすこし大きめにとって $\Delta t = 0.2$ とした場合の
計算結果を図5-19(b)に示す．値がすこし上下に振動する現象が差分解に観察
される．さらに，Δt をもうすこし大きめにとって，$\Delta t = 2/7 = 0.285\cdots$ とした
場合の計算結果を図5-19(c)に示す．こんどは差分解が激しく上下に振動し，
時間が経つにつれてますます結果が悪くなっていく．

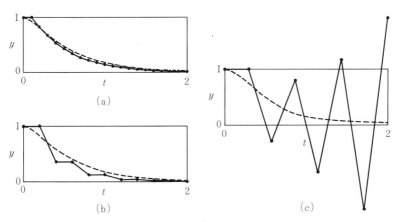

図 5-19　オイラー法による差分解．(a)$\Delta t = 0.1$，(b)$\Delta t = 0.2$，
(c)$\Delta t = 2/7 = 0.285\cdots$

計算の不安定性　オイラー法を適用したいままでの例では，図5-19(c)の
ような極端に悪い結果が見られなかった．また，いままでの例では，Δt を大
きくしていくと差分解がじょじょに微分解からはずれていった．ところが，今
回の場合は Δt を大きくすると計算結果に突然異常をきたしている．なぜ，こ
のような現象が生じたのであろうか．その理由を探るため，オイラー法の差分
解を具体的に式で求めてみよう．

(5.58)式に $f_1(t, y_1, y_2) = y_2$，$f_2(t, y_1, y_2) = -16y_1 - 10y_2$ を代入し，初期条件

から $a_1=1$, $a_2=0$ とすると,

$$\begin{cases} Y_{j+1}^{(1)} = Y_j^{(1)} + \varDelta t Y_j^{(2)} \\ Y_{j+1}^{(2)} = -16\varDelta t Y_j^{(1)} + (1-10\varDelta t) Y_j^{(2)} \\ Y_0^{(1)} = 1, \qquad Y_0^{(2)} = 0 \end{cases} \tag{5.65}$$

が得られる. (5.65)式を解くと, $Y_j^{(1)}$ は

$$Y_j^{(1)} = \frac{1}{3}\{4(1-2\varDelta t)^j - (1-8\varDelta t)^j\} \tag{5.66}$$

となる. $\varDelta t \to 0$ の極限では, $j\varDelta t = t$ とすると, $(1-2\varDelta t)^j \to \exp(-2t)$, $(1-8\varDelta t)^j \to \exp(-8t)$ となり, たしかに(5.66)式の差分解は(5.64)式の微分解に収束する. そして, (5.64)式の2つの指数関数の項は, t が大きくなると急速に0に近づく.

ところが, 有限の $\varDelta t$ に対して, j が大きくなるにつれて差分解の $(1-2\varDelta t)^j$, $(1-8\varDelta t)^j$ の項が0に近づくためには, $|1-2\varDelta t|<1$ かつ $|1-8\varDelta t|<1$ でなければならない. したがって, $\varDelta t<1/4=0.25$ を満たさなければならない. $\varDelta t>1/4$ の場合には $1-8\varDelta t<-1$ となり, j が増加するとともに $(1-8\varDelta t)^j$ の値は符号を変えつつ, その絶対値がどんどん増加することになる. 図 5-19(c)が $\varDelta t=0.285\cdots$ なのでこの場合に相当する. また, $1/8=0.125<\varDelta t<0.25$ の場合は $-1<1-8\varDelta t<0$ となる. この場合, j が1増える毎に $(1-8\varDelta t)^j$ の値の絶対値は小さくなるが符号が毎回変わる. 図 5-19(b)が $\varDelta t=0.2$ なのでこの場合に相当する. 初期の時刻でグラフがギザギザになり, 微分解の滑らかな減衰とはだいぶ様子が異なる. 結局 $\varDelta t<1/8$ を満たしていれば差分解は微分解のように滑らかに減衰する. 図 5-19(a)が $\varDelta t=0.1$ なのでこの場合に相当する.

以上のように, 差分法には公式の次数だけでは把握できないような計算の**不安定性**(instability)が存在することがある. 不安定性に関する議論は数多くあり, また, 不安定性は公式の次数とともに差分法の善し悪しを判断する材料になっている. しかしながら, それらを考慮しても, 差分法の結果をどの程度信用してよいかの判断は経験をつまないとむずかしい. そこで, 計算結果が得られたときに, その妥当性を状況証拠から調べてみるためのヒントを以下に並べておく.

（1）　計算結果が得られたら，結果の数値データを並べるだけでなく，グラフにして一目で把握できるようにする．

（2）　たとえ微分解を式で書き下すことができなくても，微分解の性質をできるだけ調べておき，差分解がその性質をどれだけ満足しているかを調べる．例えば，微分解は $t \to \infty$ で 0 に収束するはずなのに，差分解がそうなりそうになければ結果を検討すべきである．

（3）　計算に不安定性が生じている場合には，計算が途中で発散したり，図 5-19(b), (c)のように異常振動が生じることが多い．

（4）　Δt を小さくしたり，別の方法を適用したりして計算結果を比較し，結果がどのように変わったかを調べる．

（5）　とにかく Δt が小さければよいというわけでもない．あまり Δt を小さくしすぎると，丸めの誤差が結果に影響しやすくなる．

なお，ここに挙げたヒントは他の章の数値計算にも通ずるところが多い．

5-6　2階常微分方程式の境界値問題

線形常微分方程式の境界値問題　常微分方程式の問題には，いままで取り扱ってきたような初期値問題の他に境界値問題とよばれるものが存在する．(5.10)式は2階常微分方程式の境界値問題である．(5.10)式をもういちど以下に示す．ただし，独立変数を空間変数に見立てて，t の代わりに x を用いる．

$$\begin{cases} y'' = f(x, y, y') & (5.67\mathrm{a}) \\ y(0) = a_1, \quad y(1) = a_2 & (5.67\mathrm{b}) \end{cases}$$

初期値問題と異なり，(5.67b)式では離れた地点 $x=0$, $x=1$ での境界条件が課せられている．このため，初期値問題と境界値問題では数値計算法が大きく異なる．ここでは，(5.67)式のような一般的な形の境界値問題に対する解法を紹介しない．代わりに，次章の偏微分方程式の数値計算への準備を兼ねて，(5.67)式の問題の特別な場合

$$\begin{cases} y'' = p(x)y' + q(x)y + r(x) & (5.68\mathrm{a}) \\ y(0) = a_1, \quad y(1) = a_2 & (5.68\mathrm{b}) \end{cases}$$

を解くための数値計算法を説明する．ここで，$p(x), q(x), r(x)$ は x の適当な関数であり，すでに与えられているとする．(5.68a)式は y およびその導関数 y', y'' の 1 次方程式の形をしている．このことから(5.68a)式の常微分方程式は**線形**(linear)であるという．

　まず，適当な自然数 N を定め，格子点の間隔を $\Delta x = 1/N$ とし，$x_j = j\Delta x$ とする．そして，微分解 $y(x_j)$ に対応する差分解を Y_j $(j = 0, 1, \cdots, N)$ とする．(5.68a)式を近似する差分方程式はいく通りか考えられるが，ここでは $x = x_j$ において次式の差分方程式で近似するとしよう．

$$\frac{Y_{j+1} - 2Y_j + Y_{j-1}}{(\Delta x)^2} = p_j \frac{Y_{j+1} - Y_{j-1}}{2\Delta x} + q_j Y_j + r_j \tag{5.69}$$

ここで $p_j = p(x_j)$，$q_j = q(x_j)$，$r_j = r(x_j)$ であり，p, q, r は与えられているので p_j, q_j, r_j の値はあらかじめ計算できる．

　この式の両辺に $(\Delta x)^2$ を掛け整理すると，

$$-\left(1 + \frac{\Delta x}{2} p_j\right) Y_{j-1} + (2 + (\Delta x)^2 q_j) Y_j - \left(1 - \frac{\Delta x}{2} p_j\right) Y_{j+1} = -(\Delta x)^2 r_j \tag{5.70}$$

となる．式を見やすくするために，$\alpha_j = 2 + (\Delta x)^2 q_j$，$\beta_j = -\left(1 + \frac{\Delta x}{2} p_j\right)$，$\gamma_j = -\left(1 - \frac{\Delta x}{2} p_j\right)$，$d_j = -(\Delta x)^2 r_j$ とおく．これらの値はすべてあらかじめ計算できる．そして上式は

$$\beta_j Y_{j-1} + \alpha_j Y_j + \gamma_j Y_{j+1} = d_j \tag{5.71}$$

となる．この式は領域の内部，すなわち $1 \leq j \leq N-1$ で成立する差分式である．

　(5.71)式を $j = 1, 2, \cdots, N-1$ に対して書き下し，整理すると以下のようになる．

$$
\begin{cases}
\alpha_1 Y_1 + \gamma_1 Y_2 & = d_1 - \beta_1 Y_0 \\
\beta_2 Y_1 + \alpha_2 Y_2 + \gamma_2 Y_3 & = d_2 \\
\beta_3 Y_2 + \alpha_3 Y_3 + \gamma_3 Y_4 & = d_3 \\
\cdots\cdots\cdots\cdots\cdots\cdots\cdots\cdots\cdots\cdots\cdots\cdots\cdots\cdots \\
\beta_{N-2} Y_{N-3} + \alpha_{N-2} Y_{N-2} + \gamma_{N-2} Y_{N-1} & = d_{N-2} \\
\beta_{N-1} Y_{N-2} + \alpha_{N-1} Y_{N-1} & = d_{N-1} - \gamma_{N-1} Y_N
\end{cases}
\tag{5.72}
$$

ここで右辺の Y_0, Y_N の値は境界条件から $Y_0=a_1$, $Y_N=a_2$ と与える. ゆえに, この連立方程式の左辺の Y_j の係数および右辺のすべての値は, あらかじめ計算できる. ということは, 未知変数は $Y_j (j=1, 2, \cdots, N-1)$ だけであり, (5.72)式はそれら Y_j に関する連立1次方程式の形をしている. この式を行列を用いて表現すると

$$\begin{pmatrix} \alpha_1 & \gamma_1 & & & & \\ \beta_2 & \alpha_2 & \gamma_2 & & \text{\Large 0} & \\ & \beta_3 & \alpha_3 & \gamma_3 & & \\ & & \ddots & \ddots & \ddots & \\ & \text{\Large 0} & & \beta_{N-2} & \alpha_{N-2} & \gamma_{N-2} \\ & & & & \beta_{N-1} & \alpha_{N-1} \end{pmatrix} \begin{pmatrix} Y_1 \\ Y_2 \\ Y_3 \\ \vdots \\ Y_{N-2} \\ Y_{N-1} \end{pmatrix} = \begin{pmatrix} d_1-\beta_1 Y_0 \\ d_2 \\ d_3 \\ \vdots \\ d_{N-2} \\ d_{N-1}-\gamma_{N-1} Y_N \end{pmatrix} \quad (5.73)$$

となる. 左辺に現われる行列は, 対角線方向に3重の帯の形をしているので, 3重対角行列とよばれる. この形の連立1次方程式を解くための数値計算法は 7-3節で説明する. ここでは上の連立1次方程式を数値計算で解くことができるとだけしておく. なお, (5.72)式の解 Y_j が一意に存在するためには, p_j, q_j に条件が必要となる. 例えば, すべての p_j, q_j が $|p_j|<2/\Delta x$, $q_j \geqq 0$ を満たしているときに一意解が存在する.

境界値問題のアルゴリズムと計算例　以上の数値計算の手続きをまとめると以下のようになる.

(1)　(5.68)式の問題が与えられる.

(2)　(5.68a)式を(5.71)式の差分方程式で近似する.

(3)　$Y_0=a_1$, $Y_N=a_2$ とし, (5.72)式の $Y_1 \sim Y_{N-1}$ に関する連立1次方程式が得られる.

(4)　その連立1次方程式を解いて $Y_1 \sim Y_{N-1}$ を求める.

上の手続きを5-1節の梁の問題(5.20)式

$$\begin{cases} y'' = x(1-x) \\ y(0) = 0, \quad y(1) = 0.1 \end{cases} \quad (5.74)$$

に適用し, $N=20$ すなわち $\Delta x=0.05$ の場合に得られた差分解を図5-20に示す. この図には示していないが, 微分解を重ねてプロットすると, 差分解との違いがわからないほど一致する.

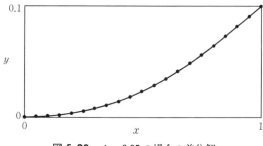

図 5-20 $\Delta x = 0.05$ の場合の差分解

第 5 章 演習問題

[1] $f(x) = e^x \cos x$ とする．$f'(1)$ の近似値を前進，後退，中心差分商を用いて，それ
ぞれ $\Delta x = 0.1, 0.01, 0.001$ の場合について計算せよ．また，正確な値 $f'(1) = e(\cos 1 - \sin 1)$ との誤差も調べよ．

[2] 以下の関数値を用いて $f'(a)$ を近似する差分商を導け．ただし，誤差を $O((\Delta x)^n)$ と評価したとき，n が最も大きくなるようにし，そのときの n の値も答えよ．
(1) $f(a+2\Delta x), f(a-\Delta x)$
(2) $f(a+2\Delta x), f(a+\Delta x), f(a)$
(3) $f(a+2\Delta x), f(a+\Delta x), f(a-\Delta x), f(a-2\Delta x)$

[3] (5.33a)～(5.33c)式を示せ．

[4] (5.14)式の初期値問題をオイラー法を用いて解くとき，差分解 Y_j を j と Δt で表わせ．また，$\Delta t = 1/N$ としたとき，Y_N の値は $N \to \infty$ でどのような値に近づくか．

[5] (5.15)式の初期値問題をルンゲ-クッタ法を用いて解き，$y(2)$ の値を有効数字 6 桁推定せよ．

[6] (5.16)式の初期値問題を，オイラー法，ホイン法，ルンゲ-クッタ法を用いて $\Delta t = 0.2, 0.02$ の場合に解き，それぞれ $y(2)$ の近似値を求めよ．また，微分解 $y(2) = \left(2 - 2\int_0^2 e^{-s^2} ds\right) e^4 = 12.876275\cdots$ との誤差も計算せよ．

[7] (5.18)式を $k = 50$，$\omega = 30$ の過減衰の場合にオイラー法を用いて解くとする．差分解 $Y_j^{(1)}$ は $Y_j^{(1)} = \frac{9}{8}(1-10\Delta t)^j - \frac{1}{8}(1-90\Delta t)^j$ である．計算が安定に進むために

Δt が満たすべき条件を求めよ.

[8]　(5.19a), (5.19b)式から，$H = 2y_1 + y_2 - 3\log y_1 - 2\log y_2$ という量が時間に対して一定であることを示せ．すると，(5.19c)式の初期条件の場合，H はつねに $9 - 6\log 2 = 4.8411\cdots$ である．このことを確かめるため，ルンゲ-クッタ法を用いて $\Delta t = 0.1$ として $t = 1, 2, \cdots, 10$ の時刻で $\tilde{H} = 2Y^{(1)} + Y^{(2)} - 3\log Y^{(1)} - 2\log Y^{(2)}$ を計算せよ.

[9]　以下の2階常微分方程式の境界値問題を差分法で解く.

$$\begin{cases} u'' = u' + 2u - 2 \\ u(0) = u(1) = 0 \end{cases}$$

$\Delta x = 1/20,\ 1/40$ として $x = 1/4,\ 1/2,\ 3/4$ での値を答えよ．また，微分解

$$u(x) = \left(\frac{1}{e^2 + e + 1} - 1\right)e^{-x} - \frac{1}{e^2 + e + 1}e^{2x} + 1$$

を用いて，それらの値の誤差も求めよ.

6 偏微分方程式

われわれは時々刻々変化する3次元空間の世界に住んでいる．このため，解析したい現象を微分方程式による数学モデルで表現した場合に，独立変数が2つ以上の偏微分方程式になる場合が多い．例えば，ある場所での気温の変化を調べるには，地図上の位置 (x, y)，高さ h，時刻 t の4つの変数がかかわってくる．この章では，基本的な3つの偏微分方程式を題材に，それらを解くための数値計算法について説明する．

6-1 偏微分方程式

偏微分方程式と数値計算　独立変数を2個以上含むような関数の偏導関数についての方程式を**偏微分方程式**(partial differential equation)という．例えば u を x, y, z の関数としたとき，

$$\frac{\partial^3 u}{\partial x^2 \partial y} + \frac{\partial u}{\partial x}\frac{\partial u}{\partial z} - \sin u = 0 \tag{6.1}$$

は偏微分方程式である．ところが，偏微分方程式全般に対する解法を統一的に論じることは，理論であれ数値計算であれ困難を極める．そこで，ある特定の型の偏微分方程式に対象を限定して，個別に議論を行なうというのが現状である．逆に，それだけ偏微分方程式の奥が深く，得られた成果がバリエーション

に富んでいるといえる.

　本書でも,偏微分方程式全般の数値計算については触れない.対象とする偏微分方程式は次の3つだけに限定することにする.

$$\begin{cases} (1) & \dfrac{\partial u}{\partial t} = \dfrac{\partial^2 u}{\partial x^2} \\[2mm] (2) & \dfrac{\partial^2 u}{\partial t^2} = \dfrac{\partial^2 u}{\partial x^2} \\[2mm] (3) & \dfrac{\partial^2 u}{\partial x^2} + \dfrac{\partial^2 u}{\partial y^2} = 0 \end{cases} \tag{6.2}$$

これらの方程式の共通の特徴を以下に述べる.

　・従属変数が u ひとつだけであり,u について線形の方程式である.

　・独立変数が x と t あるいは x と y の2つだけである.

　・偏導関数は2階までである.

　・偏導関数の係数がすべて定数である.

この章では,これらの方程式を適当な初期条件あるいは境界条件の下で解き,解 u を求めるための数値計算法を学ぶ.

　上の3種の方程式だけでは,あまりに話題を限定しすぎていると思われるかもしれない.しかしながら,偏微分方程式が関わる問題で,その基本的な部分に(6.2)式の3つの方程式のいずれかが関係するものは非常に多い.したがって,これらの方程式をよく知ることはたいへん重要である.一方,(6.2)式の方程式はどれも線形の偏微分方程式なので理論的にもかなりくわしく調べられており,多くの場合に微分解を明示的に得ることができる.その上でなお数値計算法を学ぶ意図は次のとおりである.

　(6.2)式の方程式を基本とし,より現実の問題に近づいた偏微分方程式がたくさん存在する.このような偏微分方程式の中には理論で解析することが困難なものも多い.そこで数値計算を利用して解くことに意味が出てくる.そして,そのための数値計算法が,(6.2)式の各方程式を解くための数値計算法を基本としている場合が多い.したがって,(6.2)式の3つの方程式を解くための数値計算法を学ぶだけでも大きな意味がある.

偏微分方程式の具体例

ここで，(6.2)式の3つの方程式が関わっている現象の具体例を以下に示す．

(1) 棒の温度分布の時間変化

$$
\begin{cases}
\dfrac{\partial u}{\partial t} = \dfrac{\partial^2 u}{\partial x^2} & (0 < x < 1,\ t > 0) \quad\quad (6.3\text{a}) \\[2mm]
u(x,0) = 2x(1-x) & (0 \leqq x \leqq 1) \quad\quad\quad\quad (6.3\text{b}) \\[2mm]
u(0,t) = u(1,t) = 0 & (t \geqq 0) \quad\quad\quad\quad\quad\quad (6.3\text{c})
\end{cases}
$$

上の問題は以下のような現象を表わしている．まず，図6-1のような細長い均質な棒を考える．棒の各点の位置を表わす座標を x とし，左端を $x=0$，右端を $x=1$ とする．時刻 t での棒上の位置 x における温度を $u(x,t)$ とする．初期時刻 $t=0$ で，(6.3b)式のような温度分布を与える(図6-1のグラフ)．また，(6.3c)式の条件が示すように，以降の時刻で棒の両端をつねに一定温度 0 にする．さらに，両端では熱が自由に出入りできるとする．これらの条件の下で，棒上の温度分布の $t>0$ での時間変化を記述した偏微分方程式が，(6.3a)式である．(6.3a)式は**拡散方程式**(diffusion equation)もしくは**熱伝導方程式**(heat conduction equation)とよばれる．また，(6.3b)式は初期条件，(6.3c)式は境界条件とよばれる．$u(x,t)$ $(0<x<1,\ t>0)$ を求めることがこの問題の目的である．

微分解は，

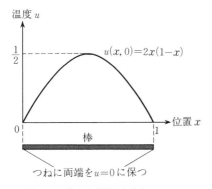

図6-1 棒と初期温度分布

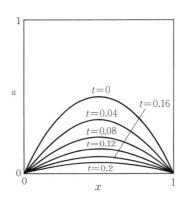

図6-2 棒の温度分布の時間変化

$$u(x,t) = \frac{16}{\pi^3} \sum_{n=1}^{\infty} \frac{1}{(2n-1)^3} e^{-(2n-1)^2 \pi^2 t} \sin(2n-1)\pi x \tag{6.4}$$

というように級数で表わすことができる．この微分解を図 6-2 に示す．一定温度に保たれた棒の両端から熱が逃げていき，棒全体の温度が両端の温度と等しくなろうとするさまが観察できる．

(2) **弦の振動**

$$\begin{cases} \dfrac{\partial^2 u}{\partial t^2} = \dfrac{\partial^2 u}{\partial x^2} & (0<x<1,\ t>0) & (6.5a) \\[2mm] u(x,0) = 2x(1-x) & (0\leqq x\leqq 1) & (6.5b) \\[2mm] \dfrac{\partial u}{\partial t}(x,0) = 0 & (0\leqq x\leqq 1) & (6.5c) \\[2mm] u(0,t) = u(1,t) = 0 & (t\geqq 0) & (6.5d) \end{cases}$$

上の問題は以下のような現象を表わしている．まず，x を空間座標とする．図 6-3 のように $0\leqq x\leqq 1$ の範囲に弦をおく．時刻 t での位置 x における弦の変位を $u(x,t)$ とする．(6.5d)式が示すように，弦の両端は $x=0,1$ でつねに $u=0$ に固定されている．初期時刻 $t=0$ で(6.5b)式のように弦の形を定める．また，この時刻では弦が静止しているとするので，(6.5c)式の条件も加わる．これらの条件の下で，その後の時刻の弦の振動を記述した偏微分方程式が(6.5a)式である．(6.5a)式は**波動方程式**(wave equation)とよばれる．また(6.5b),(6.5c)式は初期条件，(6.5d)式は境界条件である．$0<x<1,\ t>0$ の範囲の $u(x,t)$ を求めることがこの問題の目的である．

微分解は，

$$u(x,t) = \frac{8}{\pi^3} \sum_{n=1}^{\infty} \frac{1}{(2n-1)^3} \{\sin((2n-1)\pi(x+t)) + \sin((2n-1)\pi(x-t))\}$$

$$\tag{6.6}$$

となる．この解を図 6-4 に示す．ゴムひもの振動で見受けられるような，弦の周期的な上下運動が観察できる．

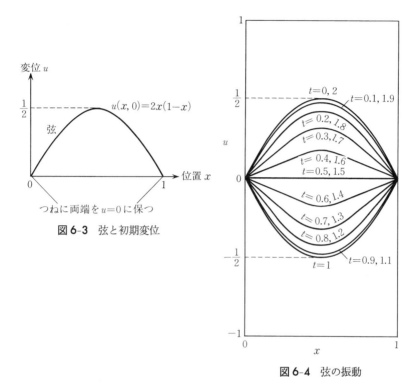

図6-3 弦と初期変位

図6-4 弦の振動

(3) 板の定常温度分布

$$\begin{cases} \dfrac{\partial^2 u}{\partial x^2}+\dfrac{\partial^2 u}{\partial y^2}=0 & (0<x<1,\ 0<y<1) \quad (6.7\text{a}) \\[2mm] u(x,0)=\sin \pi x, \quad u(x,1)=0 & (0\leqq x\leqq 1) \\[1mm] u(0,y)=u(1,y)=0 & (0\leqq y\leqq 1) \end{cases} \quad (6.7\text{b})$$

上の問題は以下のような現象を表わしている．まず，正方形の均質な板を考える．板の1辺の長さを1とし，図6-5のように空間座標 x, y を定める．そして，ある時刻で板の周囲の温度分布を固定する．すると，十分長い時間が経過した後に，板の内部の温度分布は周囲の温度分布から決まるある一定の分布に収束する．ただし，板の周囲では熱が自由に出入りできるとする．各点 (x, y) での温度を $u(x, y)$ とすると，長時間経過した後の温度分布は(6.7a)式に

従う．(6.7a)式は**ラプラス方程式**(Laplace's equation)とよばれる．(6.7b)式は板の周囲の固定された温度分布を表わしており，境界条件となる．この問題では，内部の温度分布 $u(x, y)$ $(0<x<1,\ 0<y<1)$ を求めることが目的である．

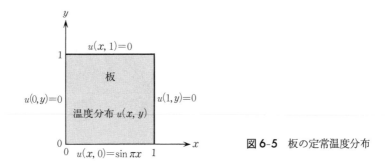

図6-5　板の定常温度分布

微分解は，

$$u(x, y) = \frac{\sin \pi x \sinh \pi(1-y)}{\sinh \pi} \tag{6.8}$$

となる．図6-6に，$u(x, y)$ の3次元グラフと等高線図を示す．$y=0$ の辺での高い温度が，他の3辺に近づくにつれてなだらかに低くなっていく様子が観察できる．付加条件が境界条件だけであるので，この問題は境界値問題である．

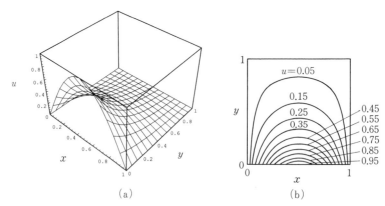

(a)　　　　　　　　(b)

図6-6　板の温度分布 $u(x, y)$．(a) 3次元グラフ，(b)等高線図

これに対し拡散方程式や波動方程式の問題は初期値・境界値問題である.

以上の(6.3a), (6.5a), (6.7a)式の偏微分方程式は, それぞれ放物型, 双曲型, 楕円型という型で分類された方程式の典型例となっている. このように型で区別されている理由は, それぞれの偏微分方程式の解が, 同じ型のものでは共通の性質をもっており, 違う型のものでは性質が大きく異なるからである. 以降の節では上の3つの方程式を解くための差分法を順に紹介していく.

6-2 拡散方程式

拡散方程式の差分法　　この節では(6.3)式の問題を解く差分法を考える. ただし, 初期条件をすこし一般化した次式の問題を考える.

$$
\begin{cases}
\dfrac{\partial u}{\partial t} = \dfrac{\partial^2 u}{\partial x^2} & (0<x<1,\ t>0) & (6.9a) \\[2mm]
u(x,0) = \phi(x) & (0\leq x\leq 1) & (6.9b) \\[2mm]
u(0,t) = u(1,t) = 0 & (t\geq 0) & (6.9c)
\end{cases}
$$

ここで, (6.9b)式と(6.9c)式が整合するように, 関数 $\phi(x)$ は $\phi(0)=\phi(1)=0$ を満たすとする.

まず, 第5章の常微分方程式と同様に, 独立変数に関する格子点を作ることから始める. (6.9)式の独立変数は空間 x, 時間 t の2つであるので, それぞれに離散的な座標点を設け, 図6-7に示すような2次元の格子点の集まりを考える. $\Delta x, \Delta t$ はそれぞれ x, t に関する格子点の間隔であり, $N\Delta x=1$ とする. また, $x_j=j\Delta x$, $t_n=n\Delta t$ とする. さらに, 微分解 $u(x_j, t_n)$ に対応する差分解を U_j^n と表わす.

次に, (x_j, t_n) の格子点において(6.9a)式を差分方程式で近似する. まず, 左辺の時間微分の項は前進差分商を用いて,

$$
\frac{\partial u}{\partial t}(x_j, t_n) \doteqdot \frac{1}{\Delta t}\{u(x_j, t_n+\Delta t) - u(x_j, t_n)\} \tag{6.10}
$$

と近似できる. t で偏微分するというのは, x を固定して t で微分することである. 上式の右辺は, まさにその差分版になっている. (6.9a)式右辺の空間

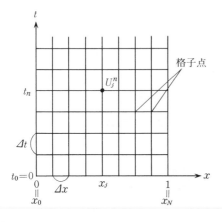

図 6-7 2次元の格子点

微分の項は，(5.33c)式の形の2階差分商を用いて，

$$\frac{\partial^2 u}{\partial x^2}(x_j, t_n) \doteqdot \frac{1}{(\Delta x)^2}\{u(x_j+\Delta x, t_n) - 2u(x_j, t_n) + u(x_j-\Delta x, t_n)\} \quad (6.11)$$

と近似する．この形の差分商を採用した理由は，x軸の正負の向きを逆転しても(6.9a)式が変わらないという対称性を保存したいからである．さらにuをUで置き換えると，差分方程式

$$\frac{1}{\Delta t}(U_j^{n+1} - U_j^n) = \frac{1}{(\Delta x)^2}(U_{j+1}^n - 2U_j^n + U_{j-1}^n)$$

$$(j=1, 2, \cdots, N-1, \quad n=0, 1, \cdots) \quad (6.12)$$

が得られる．この式を書き換えて，

$$U_j^{n+1} = \alpha U_{j+1}^n + (1-2\alpha)U_j^n + \alpha U_{j-1}^n \quad (6.13)$$

を得る．ただし$\alpha = \Delta t/(\Delta x)^2$である．この式は，時刻$t_n$での$U$から次の時刻$t_{n+1}$での$U$の値がすぐに計算できる形をしている．この簡便さゆえに時間微分の項を前進差分商で近似した．

さらに，初期条件(6.9b)式は

$$U_j^0 = \phi(x_j) \quad (j=0, 1, \cdots, N) \quad (6.14)$$

と置き換わり，境界条件(6.9c)式は

$$U_0^n = U_N^n = 0 \quad (n=0, 1, \cdots) \quad (6.15)$$

と置き換わる．

拡散方程式のアルゴリズム　　この数値計算の目標は U_j^n ($j=1,2,\cdots,N-1$, $n=1,2,\cdots$) を求めることである. (6.13)～(6.15)式を眺めると, そのための数値計算のアルゴリズムが見えてくる. 解を求める時刻の上限値を T とし, 適当な自然数 M を定めて $\Delta t = T/M$ とする. アルゴリズムは

(1)　N, M, T を設定する

$$\Delta x := 1/N, \quad \Delta t := T/M, \quad \alpha := \Delta t/(\Delta x)^2$$

(2)　$\left\lceil\begin{array}{l} j := 0, 1, \cdots, N \text{ の順に} \\ \quad U_j^0 := \phi(j\Delta x) \\ \text{を繰り返す} \end{array}\right.$

(3)　$\left\lceil\begin{array}{l} n := 0, 1, \cdots, M-1 \text{ の順に} \\ \quad \left\lceil\begin{array}{l} j := 1, 2, \cdots, N-1 \text{ の順に} \\ \quad U_j^{n+1} := \alpha U_{j+1}^n + (1-2\alpha)U_j^n + \alpha U_{j-1}^n \\ \text{を繰り返す} \end{array}\right. \\ \quad U_0^{n+1} := 0, \quad U_N^{n+1} := 0 \\ \text{を繰り返す} \end{array}\right.$

となる. このアルゴリズムでは変数 U_j^n ($j=0,1,\cdots,N$, $n=0,1,\cdots,M$) をすべて用意している. ところが, U_j^{n+1} ($j=1,2,\cdots,N-1$) の計算には前の時刻の U_j^n ($j=0,1,\cdots,N$) だけが必要であり, それ以前の時刻のものは必要ない. そこで, 必要なメモリ量を少なくするためにすこし改良したアルゴリズムを以下に示す.

(1)　N, M, T を設定する

$$\Delta x := 1/N, \quad \Delta t := T/M, \quad \alpha := \Delta t/(\Delta x)^2$$

(2)　$\left\lceil\begin{array}{l} j := 0, 1, \cdots, N \text{ の順に} \\ \quad U_j := \phi(j\Delta x) \\ \text{を繰り返す} \end{array}\right.$

$new\_U_0 := 0, \quad new\_U_N := 0$

(3)

$\begin{array}{l} n := 0, 1, \cdots, M-1 \text{ の順に} \\ \quad \left[\begin{array}{l} j := 1, 2, \cdots, N-1 \text{ の順に} \\ \quad new\_U_j := \alpha U_{j+1} + (1-2\alpha) U_j + \alpha U_{j-1} \\ \text{を繰り返す} \end{array} \right. \\ \quad \left[\begin{array}{l} j := 0, 1, \cdots, N \text{ の順に} \\ \quad U_j := new\_U_j \\ \text{を繰り返す} \end{array} \right. \\ \text{を繰り返す} \end{array}$

ここで変数 U_j, new_U_j はそれぞれ U_j^n, U_j^{n+1} の役割を果たす。(6.13)式のように，前の時刻 t_n での値から次の時刻 t_{n+1} での値を直ちに計算できる形の差分方程式を**陽公式**(explicit scheme)とよぶ。

拡散方程式の計算例　では，具体的に数値計算を行なった結果を示す。ここでは(6.3)式の問題を採用して，$\phi(x) = 2x(1-x)$ とする。図6-8(a)は，$N = 6$（すなわち $\Delta x = 1/6$），$\Delta t = 1/100$ とした場合の結果である。図6-2の微分解と比較すると，差分解のふるまいが似ていることがわかる。しかし，これではあまりに空間の格子点が粗い。そこで，Δx を小さくして $N = 10$（すなわち $\Delta x = 1/10$），$\Delta t = 1/100$ とした結果を図6-8(b)に示す。この差分解は微分解と全く異なる挙動を示している。図には示していないが，もうすこし時刻を進めていくと計算が途中で発散してしまう。そこでこんどは Δt を小さくして，時間方向の分解能をあげることにする。$N = 10$（すなわち $\Delta x = 1/10$），$\Delta t = 1/500$ とした結果が図6-8(c)である。こんどはどうやら微分解を正しく反映していそうである。

差分方程式の整合性　以上の結果は，Δx と Δt との間に何らかの関係を設けないと，思いどおりの結果が得られないことを示唆している。その理由を知るために，差分方程式の導出の段階から点検していく。まず，差分方程式(6.12)式が元の微分方程式(6.9a)式と矛盾していないことをチェックする。そのための準備としてテイラーの公式を用いて，

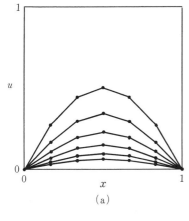

(a)

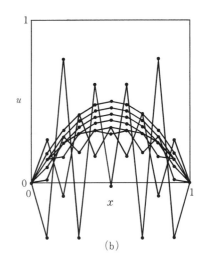

(b)

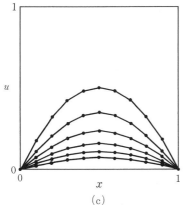

(c)

図 6-8　(a) $N=6$ ($\Delta x=1/6$), Δt $=1/100$ の場合の差分解. $n=0,$ $4, 8, \cdots, 20$ でのグラフ. (b) $N=$ 10 ($\Delta x=1/10$), $\Delta t=1/100$ の場合の差分解. $n=0, 1, 2, \cdots, 7$ での グラフ. (c) $N=10$ ($\Delta x=1/10$), $\Delta t=1/500$ の場合の差分解. $n=$ $0, 20, 40, \cdots, 100$ でのグラフ

$$u(x_j, t_n+\Delta t) = u(x_j, t_n)+\Delta t\frac{\partial u}{\partial t}(x_j, t_n)+\frac{(\Delta t)^2}{2}\frac{\partial^2 u}{\partial t^2}(x_j, t_n)+O((\Delta t)^3)$$

$$\begin{aligned} u(x_j\pm\Delta x, t_n) &= u(x_j, t_n)\pm\Delta x\frac{\partial u}{\partial x}(x_j, t_n)+\frac{(\Delta x)^2}{2}\frac{\partial^2 u}{\partial x^2}(x_j, t_n) \\ &\pm\frac{(\Delta x)^3}{6}\frac{\partial^3 u}{\partial x^3}(x_j, t_n)+\frac{(\Delta x)^4}{24}\frac{\partial^4 u}{\partial x^4}(x_j, t_n) \\ &\pm\frac{(\Delta x)^5}{120}\frac{\partial^5 u}{\partial x^5}(x_j, t_n)+O((\Delta x)^6) \end{aligned}$$

$$(6.16)$$

と展開する. この展開は, (1.15)式の 1 変数関数のテイラーの公式を多変数に

拡張したものである.

次に, 差分方程式(6.12)式の $U_j^n, U_j^{n+1}, U_{j\pm1}^n$ をそれぞれ $u(x_j, t_n), u(x_j, t_n+\Delta t), u(x_j\pm\Delta x, t_n)$ に置き換え, 上の展開式を用いて左辺と右辺の差を見積もると,

$$\frac{1}{\Delta t}\{u(x_j, t_n+\Delta t)-u(x_j, t_n)\}$$

$$-\frac{1}{(\Delta x)^2}\{u(x_j+\Delta x, t_n)-2u(x_j, t_n)+u(x_j-\Delta x, t_n)\}$$

$$=\frac{\partial u}{\partial t}(x_j, t_n)-\frac{\partial^2 u}{\partial x^2}(x_j, t_n)+\frac{\Delta t}{2}\frac{\partial^2 u}{\partial t^2}(x_j, t_n)-\frac{(\Delta x)^2}{12}\frac{\partial^4 u}{\partial x^4}(x_j, t_n)$$

$$+O((\Delta t)^2)+O((\Delta x)^4)$$

$$=\begin{cases} O(\Delta t)+O((\Delta x)^2) & (\Delta t/(\Delta x)^2\neq1/6 \text{ の場合}) \\ O((\Delta t)^2)+O((\Delta x)^4) & (\Delta t/(\Delta x)^2=1/6 \text{ の場合}) \end{cases} \tag{6.17}$$

となる. ただし, u が(6.9a)式を満足していることを用いた. 上の式の値は Δt と $(\Delta x)^2$ を同時に 0 に近づけると 0 に収束する. もちろん, これだけでは U_j^n が微分解 $u(x_j, t_n)$ に収束するかどうかの保証はない. しかし, $\Delta t, (\Delta x)^2$ を同時に小さくするように格子点を細かくしていけば, (6.12)式が微分解 u を代入しても近似的に成り立つ. この意味で(6.12)式は(6.9a)式に矛盾していない.

フーリエ分解の方法と安定性の条件　では, 差分方程式が矛盾していないにもかかわらず, 図6-8(b)のような振動発散の現象が生じた理由は何であろうか. このことを説明するために, **フーリエ(Fourier)分解の方法**を差分方程式に適用する. まず, (6.12)式すなわち(6.13)式の特解として,

$$U_j^n = f(n)\exp(ikj\Delta x) \tag{6.18}$$

の形のものを求める. ここで i は虚数単位, k は実数である. 上式を(6.13)式に代入して,

$$f(n+1) = \{\alpha\exp(ik\Delta x)+1-2\alpha+\alpha\exp(-ik\Delta x)\}f(n)$$

$$= \left(1-4\alpha\sin^2\frac{k\Delta x}{2}\right)f(n) \tag{6.19}$$

を得る. ゆえに $f(0)=1$ とすると

$$f(n) = \left(1 - 4\alpha \sin^2 \frac{k\Delta x}{2}\right)^n \tag{6.20}$$

となる. つまり,

$$U_j^n = \left(1 - 4\alpha \sin^2 \frac{k\Delta x}{2}\right)^n \exp(ikj\Delta x) \tag{6.21}$$

は(6.13)式の特解である. (6.13)式は U について線形の差分方程式であるので, 一般解はこの特解の重ね合わせで表わされる. なお, 初期の時刻にいくつかの k に対する特解の重ね合わせだけで差分解が構成されていても, 計算途中で発生する誤差により, 任意の k に対する特解の成分が差分解に入り込みうることを注意しておく.

もし, ある k に対して

$$\left|1 - 4\alpha \sin^2 \frac{k\Delta x}{2}\right| > 1 \tag{6.22}$$

であると, 時間が進むにつれてその k に対する特解の絶対値が指数的に増大していく. すなわち計算が発散する. ゆえに発散しないための条件は, 任意の k に対して

$$\left|1 - 4\alpha \sin^2 \frac{k\Delta x}{2}\right| \leq 1 \tag{6.23}$$

となることである. これより $\alpha \sin^2(k\Delta x/2) \leq 1/2$ となる. さらに, 任意の k に対してこの条件が成立するためには, $\sin^2(k\Delta x/2) \leq 1$ より

$$\alpha = \frac{\Delta t}{(\Delta x)^2} \leq \frac{1}{2} \tag{6.24}$$

とならなければならない. Δx と Δt がこの条件を満たしていないと計算が発散するのである.

一方, 微分方程式(6.9a)式の特解は, k を任意定数として $\exp(-k^2 t + ikx)$ である. 時間がたつにつれ, この関数の絶対値は指数的に減少していく. ということは, 任意の x で時間がたつにつれ解が減衰していき, おとなしくなることを意味している. この傾向は図 6-2 でも示されている. 以上のことから, 条件(6.24)式が満たされないかぎり, 差分解は微分解と似ても似つかぬものに

なる．図6-8(a)，(c)の$\varDelta x, \varDelta t$は(6.24)式を満たし，(b)の場合は満たしていない．そのことが計算結果に反映したのである．たとえば，$N=50\,(\varDelta x=1/50)$，$\varDelta t=1/10000$とすれば，(6.24)式の条件は満足される．その結果を図6-9に示すが，やはり計算はうまくいっている．計算が発散しないための$\varDelta x$，$\varDelta t$に対する(6.24)式のような条件は**安定性の条件**(stability condition)とよばれる．

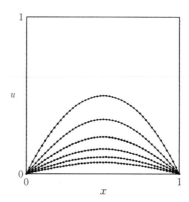

図6-9 $N=50\,(\varDelta x=1/50)$，$\varDelta t=1/10000$の場合の差分解．$n=0, 400, 800, \cdots, 2000$でのグラフ

　厳密な安定性の条件を導くためには数学的にもっと詳細な議論を必要とする．フーリエ分解の方法についての上の説明は，その骨組みを大まかに示したものであり，詳しくは例えば巻末に挙げた参考書を見ていただきたい．また，フーリエ分解の方法は場合によっては使えないこともある．しかしながら，安定性の条件を導出する方法として，フーリエ分解の方法はより一般的な他の方法よりも簡単である．

　差分法のチェックポイント　　拡散方程式の差分法について，うまく計算できるための条件を上で調べた．そのチェックポイントは，

　(1)　差分方程式が元の微分方程式に矛盾していないこと，

　(2)　さらに，$\varDelta x, \varDelta t$が安定性の条件を満たしていること

の2点であった．もちろん，$\varDelta x, \varDelta t \to 0$とした極限で差分解が微分解に本当に収束するかどうかは，いままでの説明だけでは証明されたことにならない．し

かし，上の2つのチェックポイントは差分法がうまく働くための目安としてたいへん有効である．

6-3 陰 公 式

陽公式の問題点　前節で陽公式による拡散方程式の解法を説明した．この解法で計算が安定に進むためには，Δx と Δt が(6.24)式の安定性の条件を満たさなければならない．ところが，この条件は計算量の点で問題がある．例えば，時刻0から1まで計算を行なうとする．時間方向の格子点の総数は $1/\Delta t$ である．計算の手間を減らすためには Δt をなるべく大きく取りたい．そこで(6.24)式から

$$\Delta t \doteqdot \frac{1}{2}(\Delta x)^2 \qquad (6.25)$$

とするのがよいであろう．一方，空間に関する分解能も高めたい．そこで Δx を1/10倍小さくしたとする．すると Δt は上の関係より1/100倍小さくせざるを得ない．ということは，時間方向の格子点数が100倍に増えることを意味する．これでは，Δx を小さくしていったときに，あまりに格子点数が多くなりすぎて計算の効率が悪い．

陰公式　この問題は陽公式の安定性の条件から生じている．これから説明する陰公式を使用すると，この問題を解決することができる．まず，(6.12)式の右辺の n をすべて $n+1$ で置き換える．

$$\frac{1}{\Delta t}(U_j^{n+1} - U_j^n) = \frac{1}{(\Delta x)^2}(U_{j+1}^{n+1} - 2U_j^{n+1} + U_{j-1}^{n+1})$$

$$(j=1, 2, \cdots, N-1, \ n=0, 1, \cdots) \qquad (6.26)$$

この式を整理すると，$\alpha = \Delta t/(\Delta x)^2$ として

$$-\alpha U_{j-1}^{n+1} + (1+2\alpha)U_j^{n+1} - \alpha U_{j+1}^{n+1} = U_j^n \qquad (6.27)$$

となる．U_0^n と U_N^n の値は(6.15)式から任意の n に対して0である．そこで(6.27)式をある n で各 j について並べると，$U_1^{n+1} \sim U_{N-1}^{n+1}$ に関する連立1次方

程式が得られる. (6.27)式を行列の形で表現すると,

$$
\begin{pmatrix}
1+2\alpha & -\alpha & & & & \\
-\alpha & 1+2\alpha & -\alpha & & \mathbf{0} & \\
& -\alpha & 1+2\alpha & -\alpha & & \\
& \ddots & \ddots & \ddots & & \\
\mathbf{0} & & & -\alpha & 1+2\alpha & -\alpha \\
& & & & -\alpha & 1+2\alpha
\end{pmatrix}
\begin{pmatrix}
U_1^{n+1} \\
U_2^{n+1} \\
U_3^{n+1} \\
\vdots \\
U_{N-2}^{n+1} \\
U_{N-1}^{n+1}
\end{pmatrix}
=
\begin{pmatrix}
U_1^{n} \\
U_2^{n} \\
U_3^{n} \\
\vdots \\
U_{N-2}^{n} \\
U_{N-1}^{n}
\end{pmatrix}
\quad (6.28)
$$

となる. $U_1^n \sim U_{N-1}^n$ が与えられたなら, この連立1次方程式を解いて $U_1^{n+1} \sim U_{N-1}^{n+1}$ を求めることができる.

(6.28)式の左辺の行列は3重対角とよばれる特別な形をしており, (6.28)式は効率よく解くことができる. このため, 時刻を t_n から t_{n+1} に進める際に要する計算の手間は, 陽公式の場合よりも多くなるが, 数倍程度ですむ. (6.28)式の解法は7-3節でくわしく述べることとし, ここではこの連立1次方程式を解くことができるとだけしておこう. 以上のように, (6.27)式は次の時刻での U の値を求めるために連立1次方程式を解かなければならず, **陰公式**(implicit scheme)とよばれる.

数値計算のアルゴリズムは, 前節で示した陽公式のアルゴリズムで, ステップ(3)の

$$
\begin{aligned}
&j:=1,2,\cdots,N-1 \text{ の順に} \\
&\quad new\_U_j := \alpha U_{j+1}+(1-2\alpha)U_j+\alpha U_{j-1} \\
&\text{を繰り返す}
\end{aligned}
$$

の部分を, 上の連立1次方程式を解く手続きに置き換えるだけである.

陰公式の整合性と安定性の条件　(6.26)式に微分解 u を代入し, 左辺と右辺の差を見積もると,

$$
\frac{1}{\Delta t}\{u(x_j,t_n+\Delta t)-u(x_j,t_n)\}
$$

$$
-\frac{1}{(\Delta x)^2}\{u(x_j+\Delta x,t_n+\Delta t)-2u(x_j,t_n+\Delta t)+u(x_j-\Delta x,t_n+\Delta t)\}
$$

$$
= O(\Delta t)+O((\Delta x)^2) \quad (6.29)
$$

となり, 元の微分方程式(6.9a)式と矛盾していない. また, 上式の右辺から,

差分方程式が微分方程式を近似する度合いも $\Delta t/(\Delta x)^2 \neq 1/6$ ならば陽公式と同程度であることがわかる.

次に安定性の条件を調べる.（6.27)式の特解は

$$U_j^n = \left(1+4\alpha \sin^2 \frac{k\Delta x}{2}\right)^{-n} \exp(ikj\Delta x) \tag{6.30}$$

となる.

$$1+4\alpha \sin^2 \frac{k\Delta x}{2} \geqq 1 \tag{6.31}$$

であるので，$\left(1+4\alpha \sin^2 \frac{k\Delta x}{2}\right)^{-n}$ はつねに 1 以下である．すなわち，α がどのような値であろうとも，任意の k に対する特解の絶対値は n を大きくしても増大しない．ということは，この陰公式は**無条件安定**(unconditionally stable)，すなわち，どのような $\Delta x, \Delta t$ の値に対しても計算が安定に進む.

陰公式の計算例 図 6-10 に $\Delta x = 1/50$，$\Delta t = 1/100$ とした場合の計算結果を示す．陽公式を用いると，この Δx の場合 Δt はせいぜい 1/5000 にしかとれない．すなわち，陽公式では同じ時刻に到達するために時間方向の格子点数が 50 倍必要なのである．陰公式の 1 時刻あたりの計算の手間は陽公式の数倍程度であるので，陰公式の方が効率がよい.

拡散方程式の性質と安定性の条件 詳細は省略するが，ある時刻での空間

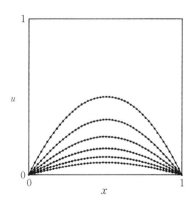

図 6-10 $N=50$（$\Delta x=1/50$），$\Delta t=1/100$ の場合の陰公式の差分解.
$n=0,4,8,\cdots,20$ でのグラフ

の任意の1点の情報が，次の瞬間には全領域に伝わるという重要な性質を拡散方程式はもっている．この性質から，陰公式が陽公式より優れていることを以下のように裏付けすることができる．まず，陽公式では U_j^n の情報は次の時刻で $U_{j-1}^{n+1}, U_j^{n+1}, U_{j+1}^{n+1}$ にしか伝わらない．なぜならば(6.13)式で U_j^{n+1} と関係するのは，$U_{j-1}^n, U_j^n, U_{j+1}^n$ だけであるからである．これに対し，陰公式では U_j^n の情報は連立1次方程式を通じて $j=1, 2, \cdots, N-1$ の U_j^{n+1} すべてに影響を及ぼす．すなわち，ある点の情報が次の時刻で空間のすみずみまでゆきわたる．以上のことから，陰公式の方が元の微分方程式の性質を自然に反映していることがわかる．このことが安定性の条件の差となって現われたのである．

6-4　波動方程式

波動方程式の差分法　　この節では，(6.5)式の波動方程式の初期値・境界値問題を解くための差分法について説明する．ただし，もうすこし初期条件を一般化して，

$$\begin{cases} \dfrac{\partial^2 u}{\partial t^2} = \dfrac{\partial^2 u}{\partial x^2} & (0<x<1, \ t>0) \quad (6.32\text{a}) \\[3mm] u(x,0) = \phi(x), \quad \dfrac{\partial u}{\partial t}(x,0) = \phi(x) & (0\leqq x\leqq 1) \quad (6.32\text{b}) \\[3mm] u(0,t) = u(1,t) = 0 & (t\geqq 0) \quad (6.32\text{c}) \end{cases}$$

とする．ただし，ϕ, ψ は任意の関数であり，$\phi(0)=\phi(1)=0$ とする．

格子点は，拡散方程式の場合と同じ図6-7のものを用いる．前と同様に N，Δt を定め，$\Delta x = 1/N$ とする．また，$x_j = j\Delta x$，$t_n = n\Delta t$ とし，微分解 $u(x_j, t_n)$ に対応する差分解を U_j^n とする．

次に，(6.32a)式を次式の差分方程式で近似する．

$$\frac{1}{(\Delta t)^2}(U_j^{n+1} - 2U_j^n + U_j^{n-1}) = \frac{1}{(\Delta x)^2}(U_{j+1}^n - 2U_j^n + U_{j-1}^n)$$

$$(j=1, 2, \cdots, N-1, \ n=1, 2, \cdots) \quad (6.33)$$

この式を書き換えると，

$$U_j^{n+1} = 2U_j^n - U_j^{n-1} + \alpha(U_{j+1}^n - 2U_j^n + U_{j-1}^n) \tag{6.34}$$

となる.ただし,$\alpha = (\Delta t/\Delta x)^2$ とする.この式は,時刻 t_{n-1}, t_n での U から次の時刻 t_{n+1} での U が計算できるという形をしている.したがって,初期条件として,U_j^0, U_j^1 を決めたい.

初期条件の導出　まず,U_j^0 は(6.32b)式の左の式から,

$$U_j^0 = \phi(x_j) \qquad (j=0,1,\cdots,N) \tag{6.35}$$

とすればよい.U_j^1 を決める方法はいくつか考えられるが,ここでは以下のようにする.まず,テイラーの公式を用いると,

$$u(x,\Delta t) = u(x,0) + \Delta t \frac{\partial u}{\partial t}(x,0) + \frac{(\Delta t)^2}{2}\frac{\partial^2 u}{\partial t^2}(x,0) + O((\Delta t)^3) \tag{6.36}$$

となる.(6.32b)式の右の式から $\frac{\partial u}{\partial t}(x,0) = \phi(x)$ である.さらに,$t=0$ でも(6.32a)式が成り立つとすると,

$$\frac{\partial^2 u}{\partial t^2}(x,0) = \frac{\partial^2 u}{\partial x^2}(x,0) \tag{6.37}$$

となる.この式の右辺は2階差分商を用いて

$$\frac{\partial^2 u}{\partial x^2}(x,0) \fallingdotseq \frac{1}{(\Delta x)^2}\{u(x+\Delta x,0) - 2u(x,0) + u(x-\Delta x,0)\} \tag{6.38}$$

と近似できる.よって(6.36)式は

$$U_j^1 = U_j^0 + \Delta t\phi(x_j) + \frac{\alpha}{2}(U_{j+1}^0 - 2U_j^0 + U_{j-1}^0) \qquad (j=1,2,\cdots,N-1) \tag{6.39}$$

という差分方程式で近似できる.さらに,境界条件は(6.32c)式から,

$$U_0^n = U_N^n = 0 \qquad (n=0,1,\cdots) \tag{6.40}$$

となる.

波動方程式のアルゴリズム　以上から,数値計算のアルゴリズムは以下のようになる.ただし,解を求める時刻の上限値を T とし,適当な自然数 M を定めて $\Delta t = T/M$ とする.

(1) N, M, T を設定する

$$\Delta x := 1/N, \quad \Delta t := T/M, \quad \alpha := (\Delta t/\Delta x)^2$$

(2)
$$
\begin{array}{l}
j := 0, 1, \cdots, N \text{ の順に}\\
\quad U_j^0 := \phi(j\Delta x)\\
\text{を繰り返す}
\end{array}
$$

$$
\begin{array}{l}
j := 1, 2, \cdots, N-1 \text{ の順に}\\
\quad U_j^1 := U_j^0 + \Delta t\phi(j\Delta x) + \dfrac{\alpha}{2}(U_{j+1}^0 - 2U_j^0 + U_{j-1}^0)\\
\text{を繰り返す}
\end{array}
$$

$$U_0^1 := 0, \qquad U_N^1 := 0$$

(3)
$$
\begin{array}{l}
n := 1, 2, \cdots, M-1 \text{ の順に}\\
\quad\begin{array}{l}
j := 1, 2, \cdots, N-1 \text{ の順に}\\
\quad U_j^{n+1} := 2U_j^n - U_j^{n-1} + \alpha(U_{j+1}^n - 2U_j^n + U_{j-1}^n)\\
\text{を繰り返す}
\end{array}\\
\quad U_0^{n+1} := 0, \qquad U_N^{n+1} := 0\\
\text{を繰り返す}
\end{array}
$$

前節の拡散方程式の場合と同様に，変数を減らしてメモリを節約するためには，例えば以下のアルゴリズムを使用する.

(1) N, M, T を設定する

$$\Delta x := 1/N, \qquad \Delta t := T/M, \qquad \alpha := (\Delta t/\Delta x)^2$$

(2)
$$
\begin{array}{l}
j := 0, 1, \cdots, N \text{ の順に}\\
\quad old\_U_j := \phi(j\Delta x)\\
\text{を繰り返す}
\end{array}
$$

$$
\begin{array}{l}
j := 1, 2, \cdots, N-1 \text{ の順に}\\
\quad cur\_U_j := old\_U_j + \Delta t\phi(j\Delta x)\\
\qquad\qquad + \dfrac{\alpha}{2}(old\_U_{j+1} - 2\,old\_U_j + old\_U_{j-1})\\
\text{を繰り返す}
\end{array}
$$

$$cur\_U_0 := 0, \qquad cur\_U_N := 0$$

$$new\_U_0 := 0, \qquad new\_U_N := 0$$

(3)
$\left\lceil\begin{array}{l}\end{array}\right.$ $n := 1, 2, \cdots, M-1$ の順に

$\qquad\left\lceil\begin{array}{l}\end{array}\right.$ $j := 1, 2, \cdots, N-1$ の順に

$\qquad\qquad new\_U_j := 2\,cur\_U_j - old\_U_j$
$\qquad\qquad\qquad + \alpha(cur\_U_{j+1} - 2\,cur\_U_j + cur\_U_{j-1})$

$\qquad$ を繰り返す

$\qquad\left\lceil\begin{array}{l}\end{array}\right.$ $j := 0, 1, \cdots, N$ の順に

$\qquad\qquad old\_U_j := cur\_U_j$

$\qquad\qquad cur\_U_j := new\_U_j$

$\qquad$ を繰り返す

を繰り返す

ここで，$old\_U_j, cur\_U_j, new\_U_j$ はそれぞれ $U_j^{n-1}, U_j^n, U_j^{n+1}$ の役割を果たす.

安定性の条件　次に，安定性の条件を調べる．(6.34)式の特解は，

$$U_j^n = s^n \exp(ikj\varDelta x) \qquad (6.41)$$

となる．ただし，s は

$$s^2 - 2\left(1 - 2\alpha \sin^2 \frac{k\varDelta x}{2}\right)s + 1 = 0 \qquad (6.42)$$

の根であり，$\beta = \alpha \sin^2 \dfrac{k\varDelta x}{2}(\geqq 0)$ とおくと，

$$s = s_1 = 1 - 2\beta + \{4\beta(\beta-1)\}^{1/2} \qquad (6.43\mathrm{a})$$

もしくは

$$s = s_2 = 1 - 2\beta - \{4\beta(\beta-1)\}^{1/2} \qquad (6.43\mathrm{b})$$

となる．計算が発散しないためには，任意の k に対して $|s_1| \leqq 1$ かつ $|s_2| \leqq 1$ でなければならない．$\beta > 1$ の場合は，s_1, s_2 ともに実数であり，$s_1 \neq s_2$, $s_1 s_2 = 1$ より $|s_1|$ か $|s_2|$ のどちらかが必ず 1 より大きくなる．$\beta = 1$ の場合は，重根の場合であり，$|s_1| = |s_2| = 1$ となる．$\beta < 1$ の場合は，s_1, s_2 ともに複素数であり，$|s_1| = |s_2| = 1$ となる．以上をまとめると，$\beta \leqq 1$ すなわち

$$\alpha \sin^2 \frac{k\varDelta x}{2} \leqq 1 \qquad (6.44)$$

でなければならないことがわかる．さらに，任意の k に対してこの条件が成

立するには，$\alpha \leqq 1$ すなわち

$$\frac{\Delta t}{\Delta x} \leqq 1 \tag{6.45}$$

でなければならない．これが安定性の条件である．

　波動方程式の計算例　では，実際に数値計算を行なった結果を示す．ここでは，(6.5)式の問題を採用して $\phi(x)=2x(1-x)$，$\psi(x)=0$ とする．まず，$N=20\,(\Delta x=1/20)$，$\Delta t=1/50$ とした結果を図6-11(a)に示す．この場合は安定性の条件を満たしている．図6-4の微分解と比較しても，計算がうまく行なわれていることがわかる．次に，$N=20\,(\Delta x=1/20)$，$\Delta t=1/10$ とした場合，すなわち，安定性の条件を満たさない場合の結果を図6-11(b)に示す．時間が進

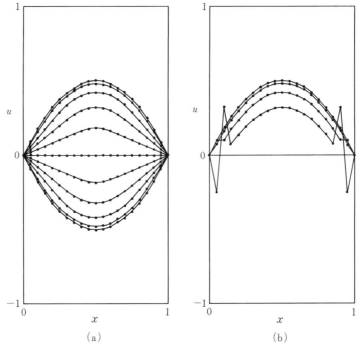

図6-11　(a)$N=20\,(\Delta x=1/20)$，$\Delta t=1/50$ の場合の差分解．$n=0,5,10,$
$\cdots,50$ でのグラフ．(b)$N=20\,(\Delta x=1/20)$，$\Delta t=1/10$ の場合の差分解．
$n=0,1,2,3$ でのグラフ

むと結果が不安定になり，$n=3$ で大きく解がずれ始め，その後数時刻で計算が発散する．

波動方程式の性質と安定性の条件　前節の拡散方程式の場合と同様に，安定性の条件は元の微分方程式の性質を反映している．話を簡単にするため，(6.32)式の問題の代わりに空間領域が $-\infty<x<\infty$ の無限領域での問題

$$\begin{cases} \dfrac{\partial^2 u}{\partial t^2}=\dfrac{\partial^2 u}{\partial x^2} & (-\infty<x<\infty,\ t>0) & (6.46\text{a}) \\[2mm] u(x,0)=\phi(x),\quad \dfrac{\partial u}{\partial t}(x,0)=\varphi(x) & (-\infty<x<\infty) & (6.46\text{b}) \end{cases}$$

を考えることにする．この問題の解は

$$u(x,t)=\frac{1}{2}\{\phi(x-t)+\phi(x+t)\}+\frac{1}{2}\int_{x-t}^{x+t}\varphi(s)ds \qquad (6.47)$$

であり，**ダランベール(d'Alembert)の解**とよばれる．ある時刻 t_0，ある位置 x_0 での u の値は $\phi(x_0-t_0),\phi(x_0+t_0)$ および $x_0-t_0\leqq s\leqq x_0+t_0$ の範囲の $\varphi(s)$ に依存している．そして，$\phi(x)$ および $\varphi(x)$ は $t=0$ での初期条件で与えられている．初期条件に対する解のこのような依存性を図に示したものが図6-12である．3角形 ABC は直角2等辺3角形であり，点 A の u の値は線分 BC で表わされる領域の ϕ と φ の情報から決定される．

一方，差分解は以下に示すような初期条件の依存性を有している．ここで，(6.46)式と問題設定を合わせるために(6.40)式の境界条件は考慮しない．空間

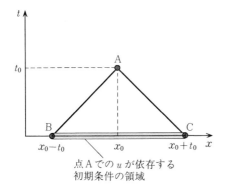

点 A での u が依存する
初期条件の領域

図6-12　微分解の初期条件に対する依存性

方向の格子点の範囲を $-\infty < j < \infty$ に拡げ，(6.35),(6.39)式の初期条件の下で(6.34)式を解き，U_j^n を n の小さい方から順に求めるとする．ある格子点 (x_{j_0}, t_{n_0}) における差分解 $U_{j_0}^{n_0}$ は，(6.34)式より $U_{j_0-1}^{n_0-1}, U_{j_0}^{n_0-1}, U_{j_0+1}^{n_0-1}, U_{j_0}^{n_0-2}$ の4つの U の値から決定される．さらに，例えば $U_{j_0-1}^{n_0-1}$ は $U_{j_0-2}^{n_0-2}, U_{j_0-1}^{n_0-2}, U_{j_0}^{n_0-2}$，$U_{j_0-1}^{n_0-3}$ から決定される．こうして時刻をさかのぼっていき，初期条件を考慮すると，結局 $U_{j_0}^{n_0}$ は，$j_0-n_0 \leq j \leq j_0+n_0$ の範囲の $\phi(x_j)$ と，$j_0-n_0+1 \leq j \leq j_0+n_0 -1$ の範囲の $\psi(x_j)$ とから決定されることがわかる．

(a)$\Delta t/\Delta x > 1$，(b)$\Delta t/\Delta x \leq 1$ の2通りの場合に，差分解の依存性と微分解の依存性を重ねて描いたものが図6-13である．$\Delta t/\Delta x > 1$ の場合は，微分解の依存領域を差分解の方が十分にカバーしていない．ということは，差分解に微分解を反映させるための情報が十分でないことになる．一方，$\Delta t/\Delta x \leq 1$ の場合は差分解の依存領域が微分解の依存領域をカバーしている．以上のことが $\Delta t/\Delta x \leq 1$ という安定性の条件に反映したと考えられるのである．

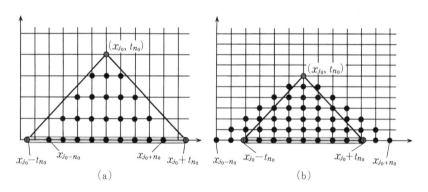

図 6-13 差分解の初期条件に対する依存性.
(a)$\Delta t/\Delta x > 1$ の場合，(b)$\Delta t/\Delta x \leq 1$ の場合

6-5 ラプラス方程式

ラプラス方程式の差分法 この節では，(6.7)式のラプラス方程式の境界値問題を考える．ただし，境界条件を一般化して，

$$\frac{\partial^2 u}{\partial x^2}+\frac{\partial^2 u}{\partial y^2}=0 \qquad (0<x<1,\ 0<y<1) \tag{6.48a}$$

$$\begin{cases} u(x,0)=\phi_1(x), & u(x,1)=\phi_2(x) \qquad (0\leqq x\leqq 1) \\ u(0,y)=\psi_1(y), & u(1,y)=\psi_2(y) \qquad (0\leqq y\leqq 1) \end{cases} \tag{6.48b}$$

とする. また, 境界条件が整合するために, $\phi_1(0)=\psi_1(0)$, $\phi_1(1)=\psi_2(0)$, $\phi_2(0)=\psi_1(1)$, $\phi_2(1)=\psi_2(1)$ とする.

まず, 格子点を用意する. 今回は独立変数 x, y の範囲が限られているので, 図 6-14 のような格子点を用いる. ただし, $Nh=1$ とする. x 方向と y 方向の格子点の数を同じにしたが, 異なる数の格子点を用いても構わない. また, x_i $=ih$, $y_j=jh$ とし, 微分解 $u(x_i, y_j)$ に対応する差分解を $U_{i,j}$ とする.

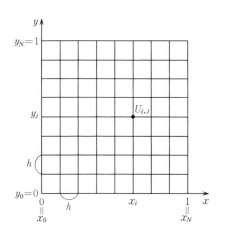

図 6-14 ラプラス方程式の格子点

次に(6.48a)式を次式の差分方程式で置き換える.

$$\frac{1}{h^2}(U_{i+1,j}-2U_{i,j}+U_{i-1,j})+\frac{1}{h^2}(U_{i,j+1}-2U_{i,j}+U_{i,j-1})=0$$

$$(i=1,2,\cdots,N-1,\ j=1,2,\cdots,N-1) \tag{6.49}$$

この式を整理すると,

$$4U_{i,j}-(U_{i+1,j}+U_{i-1,j}+U_{i,j+1}+U_{i,j-1})=0 \tag{6.50}$$

となる.

差分方程式と最大値の原理　(6.50)式は, 図 6-15 に示すように「□での

U の値は，その周囲の 4 つの ● での U の値の平均値に等しい」という意味にも解釈できる．ということは，□，● の合計 5 点での U のうち，最大値および最小値をとるものは必ず周囲の ● の点のどれかに存在する．一方，元のラプラス方程式(6.48a)式の微分解 u は**最大値の原理**(maximum principle)とよばれる性質を満たしている．最大値の原理をわかりやすく表現すれば，次のようになる．

　　ある領域でラプラス方程式を満たす解 u を考える．そして，その領域全体における u の最大値および最小値を考える．u が定数でない限り，領域の内部の点では最大値も最小値もとらない．

このことから上の差分方程式が微分方程式の性質をうまく反映していることがわかる．

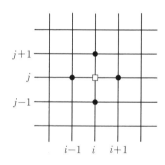

図 6-15 (6.50)式で表わされる $U_{i,j}$ の関係

連立 1 次方程式の導出　さて，境界条件(6.48b)式から

$$\begin{cases} U_{i,0} = \phi_1(x_i), \quad U_{i,N} = \phi_2(x_i) \quad (i=0,1,\cdots,N) \\ U_{0,j} = \phi_1(y_j), \quad U_{N,j} = \phi_2(y_j) \quad (j=0,1,\cdots,N) \end{cases} \quad (6.51)$$

となる．(6.51)式の条件の下で(6.50)式を解き，未知変数 $U_{i,j}$ $(i=1,2,\cdots,N-1,\ j=1,2,\cdots,N-1)$ の値を求めれば，差分解が得られる．しかし，(6.50)式は $U_{i,j}$ の値を端から順に計算できるという形をしていない．(6.50)式を各 i,j について並べると，$U_{i,j}$ に関する連立 1 次方程式になっていることがわかる．例えば $N=4$ のとき，行列の形で表わすと，

$$
\begin{pmatrix}
4 & -1 & 0 & -1 & & & & \\
-1 & 4 & -1 & 0 & -1 & & & \\
0 & -1 & 4 & 0 & 0 & -1 & & \\
-1 & 0 & 0 & 4 & -1 & 0 & -1 & \\
& -1 & 0 & -1 & 4 & -1 & 0 & -1 \\
& & -1 & 0 & -1 & 4 & 0 & 0 & -1 \\
& & & -1 & 0 & 0 & 4 & -1 & 0 \\
& & & & -1 & 0 & -1 & 4 & -1 \\
& & & & & -1 & 0 & -1 & 4
\end{pmatrix}
\begin{pmatrix}
U_{1,1} \\ U_{2,1} \\ U_{3,1} \\ U_{1,2} \\ U_{2,2} \\ U_{3,2} \\ U_{1,3} \\ U_{2,3} \\ U_{3,3}
\end{pmatrix}
=
\begin{pmatrix}
U_{0,1}+U_{1,0} \\ U_{2,0} \\ U_{4,1}+U_{3,0} \\ U_{0,2} \\ 0 \\ U_{4,2} \\ U_{0,3}+U_{1,4} \\ U_{2,4} \\ U_{4,3}+U_{3,4}
\end{pmatrix}
\tag{6.52}
$$

となる．なお，$U_{i,j}$ のうち(6.51)式により値が与えられているものを右辺に，未知のものを左辺にまとめた．

上の行列の要素には規則性がある．一般の N に対する連立1次方程式は次式のようになる．

$$
\begin{pmatrix}
A & B & & & 0 \\
B & A & B & & \\
& \ddots & \ddots & \ddots & \\
& & B & A & B \\
0 & & & B & A
\end{pmatrix}
\begin{pmatrix}
U_1 \\ U_2 \\ \vdots \\ U_{N-2} \\ U_{N-1}
\end{pmatrix}
=
\begin{pmatrix}
f_1 \\ f_2 \\ \vdots \\ f_{N-2} \\ f_{N-1}
\end{pmatrix}
\tag{6.53}
$$

ここで，A, B は $(N-1)\times(N-1)$ 小行列であり，それぞれ

$$
A=
\begin{pmatrix}
4 & -1 & & & 0 \\
-1 & 4 & -1 & & \\
& \ddots & \ddots & \ddots & \\
0 & & -1 & 4 & -1 \\
& & & -1 & 4
\end{pmatrix},
\quad
B=
\begin{pmatrix}
-1 & & & & 0 \\
& -1 & & & \\
& & \ddots & & \\
0 & & & -1 & \\
& & & & -1
\end{pmatrix}
\tag{6.54}
$$

である．また，U_j, f_j は，それぞれ

$$
\begin{cases}
U_j = (U_{1,j}, U_{2,j}, \cdots, U_{N-2,j}, U_{N-1,j})^{\mathrm{T}} \quad (j=1,2,\cdots,N-1) \\
f_1 = (U_{0,1}+U_{1,0}, U_{2,0}, \cdots, U_{N-2,0}, U_{N,1}+U_{N-1,0})^{\mathrm{T}} \\
f_j = (U_{0,j}, 0, \cdots, 0, U_{N,j})^{\mathrm{T}} \quad (j=2,3,\cdots,N-2) \\
f_{N-1} = (U_{0,N-1}+U_{1,N}, U_{2,N}, \cdots, U_{N-2,N}, U_{N,N-1}+U_{N-1,N})^{\mathrm{T}}
\end{cases}
\tag{6.55}
$$

で定義されるベクトルである．T はベクトルや行列の転置を表わす．

(6.53)式の左辺の行列は，小行列が3重の帯の形で対角に並んでいる．このような形の行列を**ブロック3重対角行列**（block tridiagonal matrix）という．

この行列のほとんどの要素は 0 であり,(6.53)式を効率よく解く方法がいくつか存在する. そのような方法のひとつを 7-4 節でくわしく説明する(第 7 章演習問題 [5]). ここでは,(6.53)式は解くことができるとだけしておく.

ラプラス方程式の計算例　(6.48)式の問題に(6.7b)式と同じ境界条件,すなわち,

$$\begin{cases} u(x,0) = \sin \pi x, \quad u(x,1) = 0 \quad (0 \leqq x \leqq 1) \\ u(0,y) = u(1,y) = 0 \quad\quad\quad (0 \leqq y \leqq 1) \end{cases} \quad (6.56)$$

を課した場合について数値計算を行なう. $N=20$ とし, そのときの差分解の結果を等高線図として図 6-16 に示す. ここには示していないが, 図 6-6(b)の微分解の等高線を重ねてプロットすると, 線の違いが見えるか見えないかの程度まで一致している. なお, $N \to \infty$ すなわち $h \to 0$ の極限をとると, 差分解が微分解に収束することがわかっている. このことから, 拡散方程式や波動方程式のように安定性の条件を気にする必要がない. なぜそうなるかの直観的な説明は以下のとおりである. 前に示したように,(6.50)式は最大値の原理を反映した性質をもっている. したがって, すべての $U_{i,j}$ の中で最大値および最小値をとるものは領域の境界上の格子点に存在する. このことから, 領域内部の $U_{i,j}$ の値はつねに発散することがない.

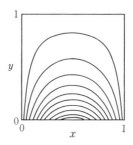

図 6-16　$N=20$ の場合の差分解の等高線図. 各等高線の高さは図 6-6(b)と同じ

第6章　演習問題

[1]　次の拡散方程式の初期値・境界値問題を差分法で解く.

$$\begin{cases} \dfrac{\partial u}{\partial t} = \dfrac{\partial^2 u}{\partial x^2} & (0<x<1) \\[2mm] u(x,0) = \begin{cases} x & (0\leq x\leq 1/2) \\ 1-x & (1/2<x\leq 1) \end{cases} \\[2mm] u(0,t) = u(1,t) = 0 & (t\geq 0) \end{cases}$$

（1）　陽公式を用いて, $(\varDelta x, \varDelta t)=(1/6,1/100),(1/10,1/100),(1/10,1/500)$ のそれぞれの場合について $t=0.02,0.04,0.06,0.08$ での $x=0.5$ における値を答えよ. 計算が不安定になっているのはどの場合か.

（2）　陰公式を用いて, $(\varDelta x, \varDelta t)=(1/50,1/100)$ の場合に $t=0.02,0.04,0.06,0.08$ での $x=0.5$ における値を答えよ.

[2]　拡散方程式 $\dfrac{\partial u}{\partial t} = \dfrac{\partial^2 u}{\partial x^2}$ を近似する差分方程式として, クランク-ニコルソン (Crank-Nicolson) の公式

$$\frac{U_j^{n+1}-U_j^n}{\varDelta t} = \frac{1}{2}\frac{U_{j+1}^{n+1}-2U_j^{n+1}+U_{j-1}^{n+1}}{(\varDelta x)^2} + \frac{1}{2}\frac{U_{j+1}^n-2U_j^n+U_{j-1}^n}{(\varDelta x)^2}$$

がある. この式は無条件安定であることを示せ.

[3]　次の波動方程式の初期値・境界値問題を差分法で解け.

$$\begin{cases} \dfrac{\partial^2 u}{\partial t^2} = \dfrac{\partial^2 u}{\partial x^2} & (0<x<1,\ t>0) \\[2mm] u(x,0) = x(2-x),\quad \dfrac{\partial u}{\partial t}(x,0) = 0 & (0\leq x\leq 1) \\[2mm] u(0,t) = 0,\quad \dfrac{\partial u}{\partial x}(1,t) = 0 & (t\geq 0) \end{cases}$$

ただし $\varDelta x=1/20$, $\varDelta t=1/50$ とし, 0から1まで0.1刻みの時刻で $x=0.5$ における値を調べよ. なお, (6.40)式を修正して $x=1$ での境界条件を以下のように与えるとする.

$$\frac{U_N^n-U_{N-1}^n}{\varDelta x} = 0 \quad \text{すなわち} \quad U_N^n = U_{N-1}^n \quad (n>0)$$

[4]　次式は波動方程式と関連の深い偏微分方程式である.

$$\frac{\partial u}{\partial t} = \frac{\partial u}{\partial x}$$

この方程式を近似する以下の差分方程式の安定性の条件を調べよ.

(1) $\dfrac{U_j^{n+1}-U_j^n}{\varDelta t}=\dfrac{U_{j+1}^n-U_{j-1}^n}{2\varDelta x}$

(2) $\dfrac{U_j^{n+1}-U_j^n}{\varDelta t}=\dfrac{U_{j+1}^n-U_j^n}{\varDelta x}$

[5] ラプラス方程式の境界値問題(6.48)式で

$$\begin{cases} \phi_1(x)=\sin \pi x, & \phi_2(x)=0 \\ \phi_1(y)=2y(1-y), & \phi_2(y)=0 \end{cases}$$

とする. 差分法を用いて $N=20$ の場合に解き, $(x,y)=(0.5,0.5),(0.25,0.25),$ $(0.25,0.75),(0.75,0.25),(0.75,0.75)$ での値を求めよ.

[6]

$$\frac{\partial^2 u}{\partial x^2}+\frac{\partial^2 u}{\partial y^2}=-f(x,y)$$

はポアソン(Poisson)方程式とよばれる. ただし, 関数 $f(x,y)$ は与えられているとする. この方程式を $0<x<1$, $0<y<1$ の領域で(6.48b)式の境界条件の下で解くことを考える. $N=4$ の場合, (6.52)式の連立1次方程式をどのように修正すればよいか.

7 連立1次方程式

連立1次方程式は，方程式の構造としては単純な部類に属している．ところが，いざ手計算で解こうとすると，元の数が数個から十数個程度のものが限界であろう．一方，数値計算で対象とする連立1次方程式の元の数は，それとは比べものにならないくらいに多いことがしばしばである．そこでこの章では，計算量を考慮に入れながら，連立1次方程式を解くための基本的な方法について説明する．

7-1 連立1次方程式

連立1次方程式とは 鶴亀算とよばれる，よく知られた問題がある．1例を挙げると

鶴と亀が合計10匹いる．足の数の合計は32本である．鶴と亀はそれ
ぞれ何匹いるか

である．鶴と亀の匹数をそれぞれx, yとすると，この問題は次の2つの方程式に翻訳できる．

$$\begin{cases} x + y = 10 & ① \\ 2x + 4y = 32 & ② \end{cases} \tag{7.1}$$

この問題は以下のようにして解くことができる．まず，②式から①式の2倍

を引き去る. すると,

$$\begin{cases} x+ \ y = 10 & \text{①} \\ \ \ \ \ \ 2y = 12 & \text{②}' \leftarrow \text{②}-2\times\text{①} \end{cases} \tag{7.2}$$

となる. ②′式より $y=6$ となり, その値を①式に代入して $x=4$ となる.

上の問題のように, いくつかの未知数に対する 1 次の代数方程式を複数個連立させたものを**連立 1 次方程式**(system of linear equations)といい, その一般形は

$$\begin{cases} a_{1,1}x_1 +a_{1,2}x_2 +\cdots+a_{1,N}x_N \ = y_1 \\ a_{2,1}x_1 +a_{2,2}x_2 +\cdots+a_{2,N}x_N \ = y_2 \\ \quad\quad \cdots\cdots\cdots\cdots\cdots \\ a_{M,1}x_1+a_{M,2}x_2+\cdots+a_{M,N}x_N = y_M \end{cases} \tag{7.3}$$

と表わされる. ここで N は未知変数 $x_j\,(j=1,2,\cdots,N)$ の個数, M は式の個数である. また, 係数 $a_{i,j}\,(i=1,2,\cdots,M,\ j=1,2,\cdots,N)$ および右辺の $y_i\,(i=1,2,\cdots,M)$ はすべて与えられているとする. さらに本書では, 次式で表わされるように, 式の個数 M が未知変数の個数 N に等しい場合だけを考えることにする.

$$\begin{cases} a_{1,1}x_1 +a_{1,2}x_2 +\cdots+a_{1,N}x_N \ = y_1 \\ a_{2,1}x_1 +a_{2,2}x_2 +\cdots+a_{2,N}x_N \ = y_2 \\ \quad\quad \cdots\cdots\cdots\cdots\cdots \\ a_{N,1}x_1+a_{N,2}x_2+\cdots+a_{N,N}x_N = y_N \end{cases} \tag{7.4}$$

この式を行列で表現すると,

$$\underbrace{\begin{pmatrix} a_{1,1} & a_{1,2} & \cdots & a_{1,N} \\ a_{2,1} & a_{2,2} & \cdots & a_{2,N} \\ \multicolumn{4}{c}{\cdots\cdots\cdots\cdots} \\ a_{N,1} & a_{N,2} & \cdots & a_{N,N} \end{pmatrix}}_{\text{係数行列 } A} \underbrace{\begin{pmatrix} x_1 \\ x_2 \\ \vdots \\ x_N \end{pmatrix}}_{\text{ベクトル } \boldsymbol{x}} = \underbrace{\begin{pmatrix} y_1 \\ y_2 \\ \vdots \\ y_N \end{pmatrix}}_{\text{ベクトル } \boldsymbol{y}} \tag{7.5}$$

すなわち

$$A\boldsymbol{x} = \boldsymbol{y}$$

となる. ここで A は**係数行列**(coefficient matrix)とよばれ, $N\times N$ 行列すな

わち N 次の正方行列である.

連立1次方程式を解く問題は理工学のいろいろな場面で登場する.本書でも第3章の(3.32),(3.52)式,第5章の(5.73)式,第6章の(6.28),(6.53)式に連立1次方程式が登場している.

数値計算の必要性　連立1次方程式は一見単純であるが,じつは相当に奥が深い.数値計算においても連立1次方程式の解法について多くの研究がなされている.特に問題となるのは計算量の問題である.実用的な数値計算では N の値が100万近い大規模な問題がざらにある.そして,あらゆる連立1次方程式に対して計算効率がよいオールマイティな解法は存在しない.ところが,解こうとする問題に現われる連立1次方程式の形,特に,(7.5)式の係数行列 A の形に特定のパターンが現われることが多い.そこで,そのパターンに応じて解法を選んで解くというのが実情である.以降の節ではそれら解法のうちから基本的なものを3つ紹介する.

一意解の存在　(7.4)式の連立1次方程式は,解 $\boldsymbol{x} = (x_1, x_2, \cdots, x_N)^{\mathrm{T}}$ がただひとつに定まる場合もあれば,解が無数に存在する場合や解がない場合もある.例えば,

$$
\begin{cases}
x_1 - x_2 + 2x_3 = 5 \\
-x_1 + 2x_2 - 3x_3 = -6 \\
3x_1 + x_2 + x_3 = 8
\end{cases}
\tag{7.6}
$$

の場合,解は $x_1 = 1$, $x_2 = 2$, $x_3 = 3$ と一意に定まる.ところが,

$$
\begin{cases}
x_1 - x_2 + 2x_3 = 5 \\
-x_1 + 2x_2 - 3x_3 = -6 \\
x_1 - 3x_2 + 4x_3 = 7
\end{cases}
\tag{7.7}
$$

の場合,t をパラメータとして $x_1 = -t + 4$, $x_2 = t - 1$, $x_3 = t$ となり,解は無数に存在する.さらに,

$$
\begin{cases}
x_1 - x_2 + 2x_3 = 5 \\
-x_1 + 2x_2 - 3x_3 = -6 \\
x_1 - 3x_2 + 4x_3 = 4
\end{cases}
\tag{7.8}
$$

の場合は解が存在しない.

このように解が無数に存在する場合や，解がない場合をも想定した数値計算法を考えることも可能である．しかし，その話題は本書の範囲を超えるので，ここで対象とする連立 1 次方程式は，解が一意に存在することが保証されていると仮定する．これでも十分広い範囲の実用的な計算に有効である．また，前章までに扱った連立 1 次方程式は，どれも一意に解が定まる．なお，解が一意に存在するための必要十分条件は(7.5)式の係数行列 A の行列式 $\det(A)$ の値が 0 でないことである．このとき，行例 A は**正則**(regular)であるという．

7-2 ガウスの消去法

ガウスの消去法の具体例　　最初に，**ガウスの消去法**(Gaussian elimination)とよばれる解法を説明しよう．ガウスの消去法は，一般の連立 1 次方程式に適用可能な汎用性のあるものである．まず，3 元連立 1 次方程式にガウスの消去法を適用した具体例を以下に示すことから始めよう．前節でも登場した

$$\begin{cases} x_1 - x_2 + 2x_3 = 5 & \text{①} \\ -x_1 + 2x_2 - 3x_3 = -6 & \text{②} \\ 3x_1 + x_2 + x_3 = 8 & \text{③} \end{cases} \tag{7.9}$$

について考える．ガウスの消去法の第 1 段階は変数を消去していく手続きである．①式を用いて②,③式の変数 x_1 を消去しよう．各式の x_1 の係数を見比べると，②＋①，③－3×① を計算すればよいことがわかる．結果は

$$\begin{cases} x_1 - x_2 + 2x_3 = 5 & \text{①} \\ x_2 - x_3 = -1 & \text{②}' \leftarrow \text{②} + \text{①} \\ 4x_2 - 5x_3 = -7 & \text{③}' \leftarrow \text{③} - 3 \times \text{①} \end{cases} \tag{7.10}$$

となる．次に③′－4×②′ を計算して③′式から変数 x_2 を消去する．結果は

$$\begin{cases} x_1 - x_2 + 2x_3 = 5 & \text{①} \\ x_2 - x_3 = -1 & \text{②}' \\ -x_3 = -3 & \text{③}'' \leftarrow \text{③}' - 4 \times \text{②}' \end{cases} \tag{7.11}$$

となる．これで第 1 段階は終了である．

第 2 段階は解 (x_1, x_2, x_3) を算出する手続きである．上の最後の連立 1 次方

程式を眺めると，第3式には変数 x_3 のみが残り，第2式には x_2 と x_3 が，第1式には x_1, x_2, x_3 が残っている．ということは，下の式から順に解いて $x_3, x_2,$ x_1 の順に値を求めていけばよい．こうして，

$$\begin{cases} x_3 = (-3)/(-1) = 3 \\ x_2 = x_3 - 1 \quad\quad = 2 \\ x_1 = x_2 - 2x_3 + 5 \;\; = 1 \end{cases} \tag{7.12}$$

となって解 (x_1, x_2, x_3) が求められた．

ガウスの消去法は，以上のように2つの手続きを経て解を求める方法である．第1の手続きは，上の方の式を用いて下の方の式の変数を次々と消去していくので**前進消去**(forward elimination)とよばれる．そして第2の手続きは，下の方の式から変数の値を確定し，その値をひとつ上の式に代入してまた別の変数の値を確定していくので**後退代入**(backward substitution)とよばれる．

ガウスの消去法の一般形　上の2つの手続きを N 元連立1次方程式に対して一般化することはそれほど難しくない．まず，連立1次方程式

$$\begin{cases} a_{1,1}x_1 + a_{1,2}x_2 + a_{1,3}x_3 + \cdots + a_{1,N}x_N = y_1 & ① \\ a_{2,1}x_1 + a_{2,2}x_2 + a_{2,3}x_3 + \cdots + a_{2,N}x_N = y_2 & ② \\ a_{3,1}x_1 + a_{3,2}x_2 + a_{3,3}x_3 + \cdots + a_{3,N}x_N = y_3 & ③ \\ \quad\quad \cdots\cdots\cdots & \vdots \\ a_{N,1}x_1 + a_{N,2}x_2 + a_{N,3}x_3 + \cdots + a_{N,N}x_N = y_N & Ⓝ \end{cases} \tag{7.13}$$

が与えられたとしよう．この方程式に前進消去の手続きを施す．最初に①式を用いて②〜Ⓝ式の変数 x_1 を消去する．

$$\begin{cases} a_{1,1}x_1 + a_{1,2}x_2 + a_{1,3}x_3 + \cdots + a_{1,N}x_N = y_1 & ① \\ a'_{2,2}x_2 + a'_{2,3}x_3 + \cdots + a'_{2,N}x_N = y'_2 & ②' \leftarrow ② - (a_{2,1}/a_{1,1}) \times ① \\ a'_{3,2}x_2 + a'_{3,3}x_3 + \cdots + a'_{3,N}x_N = y'_3 & ③' \leftarrow ③ - (a_{3,1}/a_{1,1}) \times ① \\ \quad\quad \cdots\cdots\cdots & \vdots \\ a'_{N,2}x_2 + a'_{N,3}x_3 + \cdots + a'_{N,N}x_N = y'_N & Ⓝ' \leftarrow Ⓝ - (a_{N,1}/a_{1,1}) \times ① \end{cases}$$
$$\tag{7.14}$$

2番目以降の式の係数 $a_{i,j}$ および右辺の y_i は一般にもとのものと異なる値になるので，$a'_{2,2}$ のようにダッシュを付けることにする．次に②'式を用いて③'〜

$\mathbb{N}'$ 式の変数 x_2 を消去する.

$$\begin{cases} a_{1,1}x_1+a_{1,2}x_2+a_{1,3}x_3+\cdots+a_{1,N}\,x_N = y_1 & \textcircled{1} \\ \quad a'_{2,2}x_2+a'_{2,3}x_3+\cdots+a'_{2,N}\,x_N = y'_2 & \textcircled{2}' \\ \qquad\quad a''_{3,3}x_3+\cdots+a''_{3,N}\,x_N = y''_3 & \textcircled{3}''\leftarrow\textcircled{3}'-(a'_{3,2}/a'_{2,2})\times\textcircled{2}' \\ \qquad\qquad\cdots\cdots\cdots\cdots & \vdots \\ \qquad\quad a''_{N,3}x_3+\cdots+a''_{N,N}x_N = y''_N & \mathbb{N}''\leftarrow\mathbb{N}'-(a'_{N,2}/a'_{2,2})\times\textcircled{2}' \end{cases}$$

$$(7.15)$$

以下, 同様の手続きを繰り返す.

前進消去のアルゴリズム　連立 1 次方程式の問題が与えられてから前進消去を終えるまでの手続き全体のアルゴリズムは次のようになる.

(1)　$N, a_{i,j}, y_i$ を設定　　　　　　　$\}A\boldsymbol{x}=\boldsymbol{y}$ の問題設定

(2)
$k:=1,2,\cdots,N-1$ の順に
　$i:=k+1,k+2,\cdots,N$ の順に
　$\alpha:=a_{i,k}/a_{k,k}$
　　$j:=k+1,k+2,\cdots,N$ の順に
　　　$a_{i,j}:=a_{i,j}-\alpha a_{k,j}$
　　を繰り返す
　$y_i:=y_i-\alpha y_k$
　を繰り返す
を繰り返す
　　　　　　　　　　　　　　　$\}$前進消去

前の説明では, 変数を $x_1, x_2, \cdots$ の順に消去していくと, 例えば係数 $a_{2,2}$ が $a'_{2,2}$ に, $a_{3,3}$ が $a''_{3,3}$ に置き換わっていった. アルゴリズムでは, 新しい係数を設ける代わりに, 代入の性質を利用して各 $a_{i,j}, y_i$ を新たに定義し直している. なお, このアルゴリズムを終了しても $i>j$ を満たす $a_{i,j}$ は一般に 0 にならない. というのは, 次の後退代入の手続きでは「消去」されているはずの $a_{i,j}$ を使用しないので, わざわざ 0 にする必要がないからである.

後退代入のアルゴリズム　前進消去のアルゴリズムを終了すると, 最終的に求められた $a_{i,j}\,(i=1,2,\cdots,N,\ j=i,i+1,\cdots,N)$ および $y_i\,(i=1,2,\cdots,N)$

の値によって

$$
\left\{
\begin{aligned}
a_{1,1}x_1 + a_{1,2}x_2 + \quad \cdots\cdots \quad + \quad a_{1,N}x_N &= y_1 \\
a_{2,2}x_2 + \quad \cdots\cdots \quad + \quad a_{2,N}x_N &= y_2 \\
\cdots\cdots\cdots\cdots \\
a_{N-1,N-1}x_{N-1} + a_{N-1,N}x_N &= y_{N-1} \\
a_{N,N}x_N &= y_N
\end{aligned}
\right.
\tag{7.16}
$$

という形の連立1次方程式が得られる. この式を用いれば, 最下行の式から x_N が計算でき, その値をひとつ上の式に代入して x_{N-1} が計算できる. この手続きを繰り返していって, $x_N \to x_{N-1} \to \cdots \to x_1$ の順に x_i を求めることができる. これが後退代入の手続きであり, そのアルゴリズムは以下のようになる.

(3) $x_N := y_N/a_{N,N}$

$$
\left.
\begin{aligned}
&\left[
\begin{aligned}
&i := N-1, N-2, \cdots, 1 \text{ の順に} \\
&\quad x_i := \left(y_i - \sum_{k=i+1}^{N} a_{i,k}x_k \right) \Big/ a_{i,i} \\
&\text{を繰り返す}
\end{aligned}
\right.
\end{aligned}
\right\} \text{後退代入}
$$

こうして求める解 $\boldsymbol{x}$ が得られた.

ガウスの消去法の計算量　ガウスの消去法の計算量を四則演算の回数で見積もることにしよう. 前進消去のアルゴリズムで必要な乗除算の回数は

$$
\sum_{k=1}^{N-1} (N-k)(N-k+2) = \frac{N^3}{3} + \frac{N^2}{2} - \frac{5N}{6} \tag{7.17}
$$

となるので, N が十分大きいと約 $N^3/3$ 回と見積もることができる. 同様に加減算も約 $N^3/3$ 回必要となる. 後退代入の過程では乗除算, 加減算ともに約 $N^2/2$ 回必要となる. したがってガウスの消去法のアルゴリズム全体で乗除算, 加減算ともに約 $N^3/3$ 回を要する. これは N が大きくなるにつれて急速に増大する計算量である. 例えば, $N=30$ のときは約 9000 回の乗除算, 加減算ですむところを, $N=300$ では約 900 万回もかかるのである. いかに計算の速い計算機といえども, 解くことのできる問題の規模は計算時間の制約によって限定される.

アルゴリズムの問題点　上で示したアルゴリズムにはすこし問題点がある.

ただし，この問題点は与えられた連立1次方程式の形によっては考慮する必要がないこともあるが，ここではそのことに立ち入らない．以下に問題点とそれに対するアルゴリズムの改良を示す．

　まず，前のアルゴリズムでは前進消去の過程を与えられた式の順序通りに行なっていった．ところが，例えば

$$\begin{cases} x_1+ x_2+x_3 = 6 & ① \\ 2x_1+2x_2-x_3 = 3 & ② \\ -x_1+3x_2+x_3 = 8 & ③ \end{cases} \qquad (7.18)$$

という問題では，最初に②,③式から変数 x_1 を消去した段階で

$$\begin{cases} x_1+ x_2+ x_3 = 6 & ① \\ \qquad\quad -3x_3 = -9 & ②' \leftarrow ②-2\times① \\ 4x_2+2x_3 = 14 & ③' \leftarrow ③+① \end{cases} \qquad (7.19)$$

となる．すると，アルゴリズムに従って②′式を用いて③′式から変数 x_2 を消去しようにも，②′式の x_2 の係数がもはや0であるので不可能である．無理にアルゴリズムに従って計算を進めると，0で割るという不可能な操作が生じてしまう．これを避けるためには②′式と③′式の順序を入れ替えればよい．式の順序を入れ替えても連立1次方程式は等価であるからである．

　さらに，係数が完全に0にならなくても丸めの誤差による問題が生じることがある．例えば

$$\begin{cases} 0.0003x_1+ x_2+ x_3 = 5 & ① \\ 2x_1- x_2+2x_3 = 6 & ② \\ -x_1+3x_2+ x_3 = 8 & ③ \end{cases} \qquad (7.20)$$

という連立1次方程式を考える．正しい答は $x_1=10000/9979=1.0021\cdots$，$x_2=19970/9979=2.0012\cdots$，$x_3=29922/9979=2.9984\cdots$ である．ガウスの消去法を用いてこの方程式を有効数字5桁で解くと，

$$\begin{cases} 0.0003x_1+ \quad\quad x_2+ \quad\quad x_3 = \quad\quad 5 & ① \\ \quad -6667.7x_2-6664.7x_3 = -33328 & ②' \leftarrow ②-6666.7\times① \\ \quad 3336.3x_2+3334.3x_3 = \quad 16675 & ③' \leftarrow ③+3333.3\times① \end{cases}$$

$$(7.21)$$

$$\begin{cases} 0.0003x_1 + \quad x_2 + \quad x_3 = \quad\quad 5 \quad\quad ① \\ \quad\quad -6667.7x_2 - 6664.7x_3 = -33328 \quad ②' \\ \quad\quad\quad\quad\quad -0.50000x_3 = -1.0000 \quad\quad ③'' \leftarrow ③' + 0.50037 \times ②' \end{cases}$$
$$(7.22)$$

となる．これより $x_1 = 2.0000$, $x_2 = 2.9994$, $x_3 = 2.0000$ となり，正しい答とは全く異なってしまう．

　上の現象は，最初に①式を用いて②,③式から変数 x_1 を消去した段階に端を発する．このとき，②$-6666.7\times$①，③$+3333.3\times$① という式変形を行なう．すると，①式に大きな数をかけて足したり引いたりするため，②,③式の係数や右辺の値が②',③'式において有効数字の下位の桁に押し込められてしまう．このため，③''式に大きな誤差が生じるのである．

　これを避けるためには，最初から①式と②式の順序を入れ替えればよい．すなわち，

$$\begin{cases} 2x_1 - x_2 + 2x_3 = 6 \quad\quad ② \\ 0.0003x_1 + x_2 + x_3 = 5 \quad\quad ① \\ -x_1 + 3x_2 + x_3 = 8 \quad\quad ③ \end{cases}$$
$$(7.23)$$

とすればよい．この式の順序で前のガウスの消去法のアルゴリズムを適用すると，有効数字5桁の計算でも $x_1 = 1.0040$, $x_2 = 2.0024$, $x_3 = 2.9972$ となり，各変数とも正しい答と有効数字3桁で一致している．

　部分ピボット選択による改良　　上の2つの具体例で示したように，前進消去のアルゴリズム中で $a_{k,k}$ の値が0あるいは0に近いと，前のアルゴリズムはうまく働かない．そして，その問題点は，途中で式の順序を入れ替えることによってほぼ解決することができる．この入れ替えは以下の手続きに従って行なう．

　いま，前進消去の手続きの途中で変数 x_{k-1} まで消去されたとする．このとき方程式は

$$\begin{cases} a_{1,1}x_1+a_{1,2}x_2+ \quad\cdots\cdots \quad + \quad a_{1,N}x_N = y_1 & ① \\ \qquad a_{2,2}x_2+ \quad\cdots\cdots \quad + \quad a_{2,N}x_N = y_2 & ② \\ \qquad\qquad \cdots\cdots\cdots\cdots & \vdots \\ \qquad\qquad a_{k,k}\,x_k+\cdots+ \quad a_{k,N}x_N = y_k & ⓚ \\ \qquad\qquad a_{k+1,k}\,x_k+\cdots+a_{k+1,N}x_N = y_{k+1} & ⓚ⁺¹ \\ \qquad\qquad \cdots\cdots\cdots\cdots & \vdots \\ \qquad\qquad a_{N,k}\,x_k+\cdots+ \quad a_{N,N}x_N = y_N & Ⓝ \end{cases} \quad (7.24)$$

の形に変形されている. ⓚ式からⓃ式までは, どのように式の順序を入れ替えても連立 1 次方程式としては同じである. そこで, これらの式のうちいちばん上にもってくる式の候補としては, 式中の x_k の係数が 0 からなるべく離れているもの, すなわち, 絶対値が最大のものを選択する. 例えば $a_{i,k}$ ($i=k,k+1,\cdots,N$, 式中の網掛け部分) のうちで絶対値が最大のものは $a_{l,k}$ であるとしよう. すると, 上から k 番目の式と l 番目の式を入れ替えて, (7.24)式を

$$\begin{cases} a_{1,1}x_1+a_{1,2}x_2+ \quad\cdots\cdots \quad + \quad a_{1,N}x_N = y_1 & ① \\ \qquad a_{2,2}x_2+ \quad\cdots\cdots \quad + \quad a_{2,N}x_N = y_2 & ② \\ \qquad\qquad \cdots\cdots\cdots\cdots & \vdots \\ \qquad\qquad a_{l,k}\,x_k+\cdots+ \quad a_{l,N}x_N = y_l & ⓛ\;第 k 行 \\ \qquad\qquad a_{k+1,k}\,x_k+\cdots+a_{k+1,N}x_N = y_{k+1} & ⓚ⁺¹ \\ \qquad\qquad \cdots\cdots\cdots\cdots & \vdots \\ \qquad\qquad a_{k,k}\,x_k+\cdots+ \quad a_{k,N}x_N = y_k & ⓚ\;第 l 行 \\ \qquad\qquad \cdots\cdots\cdots\cdots & \vdots \\ \qquad\qquad a_{N,k}\,x_k+\cdots+ \quad a_{N,N}x_N = y_N & Ⓝ \end{cases} \quad (7.25)$$

と変形するのである.

このような式の入れ替え操作を各変数の消去で毎回行なう. 変数 x_k の消去を行なうための第 k 行の式の x_k の係数を**ピボット**(pivot, かなめの意)とよぶ. そして, 上のようにピボットを選ぶ操作を**部分ピボット選択**(partial pivoting)という. 部分という語が付いているのは, このピボット選択よりも計算の精度を高めた完全ピボット選択とよばれる手続きがあるからである. ただし, 本書では完全ピボット選択には触れない.

改良されたアルゴリズム　前のアルゴリズムに部分ピボット選択による改良を加えたアルゴリズムは以下のようになる.

（1）　$N, a_{i,j}, y_i$ を設定　　　　　　　　　$\}Ax=y$ の問題設定

（2）　$k := 1, 2, \cdots, N-1$ の順に

　　　　（部分ピボット選択）

　　　　　　$|a_{i,k}| (i=k, k+1, \cdots, N)$ のうち最大のものが $|a_{l,k}|$ であったとする. $l \neq k$ ならば, $a_{k,k}, a_{k,k+1}, \cdots, a_{k,N}, y_k$ の値をそれぞれ $a_{l,k}, a_{l,k+1}, \cdots, a_{l,N}, y_l$ の値と入れ替える

　　　　$i := k+1, k+2, \cdots, N$ の順に

　　　　　　$\alpha := a_{i,k}/a_{k,k}$

　　　　　　$j := k+1, k+2, \cdots, N$ の順に

　　　　　　　　$a_{i,j} := a_{i,j} - \alpha a_{k,j}$

　　　　　　を繰り返す

　　　　　　$y_i := y_i - \alpha y_k$

　　　　を繰り返す

　　　を繰り返す

　　　　　　　　　　　　　　　　　　　　　前進消去

（3）　$x_N := y_N/a_{N,N}$

　　　　$i := N-1, N-2, \cdots, 1$ の順に

　　　　　　$x_i := \left(y_i - \displaystyle\sum_{k=i+1}^{N} a_{i,k} x_k \right) \bigg/ a_{i,i}$

　　　　を繰り返す

　　　　　　　　　　　　　　　　　　　　　後退代入

7-3　*LU* 分解

3重対角行列と *LU* 分解　(3.32)式, (5.73)式, (6.28)式の連立1次方程式は, どれも

$$
\begin{pmatrix}
a_1 & c_1 & & & & \\
b_2 & a_2 & c_2 & & \text{\Large 0} & \\
 & \ddots & \ddots & \ddots & & \\
 & \text{\Large 0} & & b_{N-1} & a_{N-1} & c_{N-1} \\
 & & & & b_N & a_N
\end{pmatrix}
\begin{pmatrix}
x_1 \\ x_2 \\ \vdots \\ x_{N-1} \\ x_N
\end{pmatrix}
=
\begin{pmatrix}
y_1 \\ y_2 \\ \vdots \\ y_{N-1} \\ y_N
\end{pmatrix}
\tag{7.26}
$$

$$
\underbrace{}_{\text{係数行列 } A} \quad \underbrace{}_{\text{ベクトル } \boldsymbol{x}} \underbrace{}_{\text{ベクトル } \boldsymbol{y}}
$$

という形をしている. 係数行列 A は, 0 でない成分が対角に3重の帯の形で並んでいるので, 3重対角行列とよばれる. 前節で説明したガウスの消去法で (7.26)式を解くことはもちろん可能である. しかしながら, 3重対角であるという特殊性を利用すれば, もっと効率よくこれを解くことができる.

その際, ガウスの消去法のアルゴリズムを修正することによって効率よく解くことも可能であるが, その代わりにガウスの消去法の兄弟とでもいうべき LU 分解の方法を適用することにする. ただし, LU 分解の方法は(7.26)式のような特殊な形の連立1次方程式だけに有効なのではなく, ガウスの消去法と同様に, 一般の連立1次方程式にも適用可能であることをあらかじめおことわりしておく.

まず, 行列 A を次式のように2つの行列 L と U の積で表わす.

$$
\underbrace{
\begin{pmatrix}
a_1 & c_1 & & & & \\
b_2 & a_2 & c_2 & & \text{\Large 0} & \\
 & b_3 & a_3 & c_3 & & \\
 & & \ddots & \ddots & \ddots & \\
 & \text{\Large 0} & & b_{N-1} & a_{N-1} & c_{N-1} \\
 & & & & b_N & a_N
\end{pmatrix}
}_{A}
$$

$$
=
\underbrace{
\begin{pmatrix}
1 & & & & \\
l_2 & 1 & & \text{\Large 0} & \\
 & l_3 & 1 & & \\
 & & \ddots & \ddots & \\
 & \text{\Large 0} & & l_{N-1} & 1 \\
 & & & & l_N & 1
\end{pmatrix}
}_{L}
\underbrace{
\begin{pmatrix}
d_1 & c_1 & & & \\
 & d_2 & c_2 & \text{\Large 0} & \\
 & & d_3 & c_3 & \\
 & & & \ddots & \ddots \\
 & \text{\Large 0} & & d_{N-1} & c_{N-1} \\
 & & & & d_N
\end{pmatrix}
}_{U}
\tag{7.27}
$$

L は対角成分より上の成分がすべて0であるので**下3角行列**(lower triangular matrix)とよばれる．ただし，対角成分より下の成分も0が多いので，下3角行列のなかでも特別な形をしている．一方，U は**上3角行列**（upper triangular matrix)とよばれる．

L と U が上式から一意に定まることは，実際に l_i, d_i を求める手順を書き下せば明らかである．まず，L と U の積をとり，A と比較すると，

$$
\begin{pmatrix}
a_1 & c_1 & & & & \\
b_2 & a_2 & c_2 & & \Large{0} & \\
& b_3 & a_3 & c_3 & & \\
& & \ddots & \ddots & \ddots & \\
\Large{0} & & & b_{N-1} & a_{N-1} & c_{N-1} \\
& & & & b_N & a_N
\end{pmatrix}
$$

$$
=
\begin{pmatrix}
d_1 & c_1 & & & & \\
l_2 d_1 & d_2+l_2 c_1 & c_2 & & \Large{0} & \\
& l_3 d_2 & d_3+l_3 c_2 & c_3 & & \\
& & \cdots & \cdots & \cdots & \\
\Large{0} & & & l_{N-1}d_{N-2} & d_{N-1}+l_{N-1}c_{N-2} & c_{N-1} \\
& & & & l_N d_{N-1} & d_N+l_N c_{N-1}
\end{pmatrix}
$$

$$\tag{7.28}$$

となる．左辺と右辺の各成分を比較すると，まず $c_1 \sim c_{N-1}$ の部分と成分が0の部分は左右辺で矛盾がないことがわかる．そして，その他の成分は

$$d_1 = a_1, \qquad l_i = b_i/d_{i-1}, \qquad d_i = a_i - l_i c_{i-1} \qquad (i=2,3,\cdots,N) \tag{7.29}$$

を満たさなければならない．この式を用いると，a_i, b_i, c_i の値から $d_1, l_2, d_2, l_3, d_3, \cdots, l_N, d_N$ の順に値を計算することができる．これで行列 A から L と U が一意に定まった．このように A を L と U の積で表わす過程を **LU 分解**（LU decompositon）という．

前進代入と後退代入　LU 分解により，(7.26)式は A を LU に置き換えて

$$LU\boldsymbol{x} = \boldsymbol{y} \tag{7.30}$$

となる．次に，新たにベクトル $\boldsymbol{z}=(z_1, z_2, \cdots, z_N)^{\mathrm{T}}$ を用意し，$\boldsymbol{z}=U\boldsymbol{x}$ と定義する．もちろん $\boldsymbol{x}$ がまだ求められていないので，$\boldsymbol{z}$ もいまのところ未知である．(7.30)式の $U\boldsymbol{x}$ を $\boldsymbol{z}$ で置き換えると，$L\boldsymbol{z}=\boldsymbol{y}$ となる．すると，(7.30)式は，

$$Lz = y, \quad Ux = z$$

すなわち

$$
\underbrace{
\begin{pmatrix}
1 & & & & \\
l_2 & 1 & & \text{\Large 0} & \\
 & l_3 & 1 & & \\
 & & \ddots & \ddots & \\
\text{\Large 0} & & & l_{N-1} & 1 \\
 & & & & l_N & 1
\end{pmatrix}
}_{L}
\underbrace{
\begin{pmatrix}
z_1 \\ z_2 \\ z_3 \\ \vdots \\ z_{N-1} \\ z_N
\end{pmatrix}
}_{z}
=
\begin{pmatrix}
z_1 \\ z_2 + l_2 z_1 \\ z_3 + l_3 z_2 \\ \vdots \\ z_{N-1} + l_{N-1} z_{N-2} \\ z_N + l_N z_{N-1}
\end{pmatrix}
=
\underbrace{
\begin{pmatrix}
y_1 \\ y_2 \\ y_3 \\ \vdots \\ y_{N-1} \\ y_N
\end{pmatrix}
}_{y}
\tag{7.31a}
$$

$$
\underbrace{
\begin{pmatrix}
d_1 & c_1 & & & \\
 & d_2 & c_2 & & \text{\Large 0} \\
 & & d_3 & c_3 & \\
 & & & \ddots & \ddots \\
\text{\Large 0} & & & & d_{N-1} & c_{N-1} \\
 & & & & & d_N
\end{pmatrix}
}_{U}
\underbrace{
\begin{pmatrix}
x_1 \\ x_2 \\ x_3 \\ \vdots \\ x_{N-1} \\ x_N
\end{pmatrix}
}_{x}
=
\begin{pmatrix}
d_1 x_1 + c_1 x_2 \\ d_2 x_2 + c_2 x_3 \\ d_3 x_3 + c_3 x_4 \\ \vdots \\ d_{N-1} x_{N-1} + c_{N-1} x_N \\ d_N x_N
\end{pmatrix}
=
\underbrace{
\begin{pmatrix}
z_1 \\ z_2 \\ z_3 \\ \vdots \\ z_{N-1} \\ z_N
\end{pmatrix}
}_{z}
$$

$$\tag{7.31b}$$

という連立の式に置き換わる. こうすれば,（7.31a)式を解いて z を求め,その z を用いて(7.31b)式を解いて x を求めればよい. 手続きを具体的に書き下すと, まず(7.31a)式から

$$z_1 = y_1, \quad z_i = y_i - l_i z_{i-1} \quad (i = 2, 3, \cdots, N) \tag{7.32}$$

となるので, $z_1, z_2, \cdots, z_N$ の順に z_i が定まる. この手続きを**前進代入**（forward substitution）という. そして(7.31b)式から,

$$x_i = (z_i - c_i x_{i+1})/d_i \quad (i = 1, 2, \cdots, N-1), \quad x_N = z_N / d_N \tag{7.33}$$

となるので, $x_N, x_{N-1}, \cdots, x_1$ の順に x_i が定まる. この手続きを**後退代入**という. 以上のようにして, 最終的に求めたかった x_i $(i = 1, 2, \cdots, N)$ が求められる.

3重対角行列の LU 分解の方法のアルゴリズム　　上に説明したすべての手続きをアルゴリズムの形でまとめる.

（1)　N, a_i, b_i, c_i, y_i を設定　　$\}A x = y$ の問題設定

（2）　$d_1 := a_1$

$\left.\begin{array}{l}
\left\lceil\,i := 2, 3, \cdots, N \text{ の順に} \right. \\
\quad\quad l_i := b_i/d_{i-1} \\
\quad\quad d_i := a_i - l_i c_{i-1} \\
\left\lfloor\text{を繰り返す}\right.
\end{array}\right\}A = LU$ と分解　（*LU* 分解）

（3）　$z_1 := y_1$

$\left.\begin{array}{l}
\left\lceil\,i := 2, 3, \cdots, N \text{ の順に} \right. \\
\quad\quad z_i := y_i - l_i z_{i-1} \\
\left\lfloor\text{を繰り返す}\right.
\end{array}\right\}Lz = y$ を解く　（前進代入）

（4）　$x_N := z_N/d_N$

$\left.\begin{array}{l}
\left\lceil\,i := N-1, N-2, \cdots, 1 \text{ の順に} \right. \\
\quad\quad x_i := (z_i - c_i x_{i+1})/d_i \\
\left\lfloor\text{を繰り返す}\right.
\end{array}\right\}Ux = z$ を解く　（後退代入）

3重対角行列の *LU* 分解の方法の計算量　　このアルゴリズムで必要となる計算量を，四則演算の回数とメモリの使用量で見積もる．乗除算は *LU* 分解の段階で $2N-2$ 回，前進代入の段階で $N-1$ 回，後退代入の段階で $2N-1$ 回必要となる．ゆえに N が十分大きいと全体で約 $5N$ 回要する．同様に加減算は約 $3N$ 回必要となる．結局，四則演算の回数は N が大きくなっても $O(N)$ の回数ですむ．

また，必要となるメモリの量は，連立 1 次方程式の係数 a_i, b_i, c_i，右辺 y_i，解 x_i，アルゴリズム中で用いる変数 d_i, l_i, z_i を記憶するだけの分である．アルゴリズムを工夫すれば，例えば変数 x_i, y_i, z_i はひとつの変数で共用できるので，メモリ量を減らすことができる．しかしとにかく，$O(N)$ 個分のメモリだけですんでいることは確かである．

ガウスの消去法との関係　　一方，ガウスの消去法をまともに(7.26)式に適用すると，加減算，乗除算ともに約 $N^3/3$ 回行なわなければならない．また，(7.26)式左辺の係数行列の，値が 0 である成分も含めて合計 N^2 個分の成分を記憶するためのメモリが少なくとも必要になる．四則演算の回数およびメモリの使用量のどちらをとっても *LU* 分解の方法の方が優れていることになる．と

ところが，じつはLU分解の方法とガウスの消去法は本質的に同じ計算を行なっている．計算量に大きな差が生じたのは，ガウスの消去法をまともに適用するせいである．これでは，係数行列のほとんどを占めている0の成分を記憶してそれらに演算を行なってしまう．0を何倍しても0であり，0を足したり引いたりしても結果は変わらない．そこで，ガウスの消去法でも0の成分を記憶せず，それらの成分が関わる計算の部分をあらかじめアルゴリズムから除外しておけば，計算量は同じになる．

では，LU分解の方法でガウスの消去法と同じ計算が行なわれていることを示す．連立1次方程式$Ax=y$は，LU分解，前進代入の手続きによって$Ux=z$という形に変形される．この変形された方程式は，ガウスの消去法で前進消去を行なって得られた方程式と同じである．例えば$N=4$の場合の連立1次方程式(7.26)式は，

$$
\begin{aligned}
a_1 x_1 + c_1 x_2 & & & = y_1 \\
b_2 x_1 + a_2 x_2 + c_2 x_3 & & & = y_2 \\
b_3 x_2 + a_3 x_3 + c_3 x_4 & & = y_3 \\
b_4 x_3 + a_4 x_4 & & = y_4
\end{aligned}
\tag{7.34}
$$

である．この式にガウスの消去法の前進消去の操作を施すと，前節で用いた記号と異なるが，

$$
\begin{aligned}
d_1 x_1 + c_1 x_2 & & & = z_1 \\
d_2 x_2 + c_2 x_3 & & & = z_2 \\
d_3 x_3 + c_3 x_4 & & = z_3 \\
d_4 x_4 & & = z_4
\end{aligned}
\tag{7.35}
$$

と$Ux=z$の形に変形されることがわかる．さらに，LU分解の方法では，後退代入によりこの式を下の方から解いてx_4, x_3, x_2, x_1の順に値を求める．この操作はガウスの消去法の後退代入の操作と同じである．

なお，ガウスの消去法のピボット選択に相当する手続きを，LU分解の方法で行なわなければならない場合がある．しかし，係数行列が3重対角の連立1次方程式が現実の問題で現われた場合は，ピボット選択が不要であることが多い．そこで，上の議論でもピボット選択については考慮していない．

一般の係数行列の場合　係数行列 A の形が3重対角以外の場合でも *LU* 分解を適用できる．例えば，行列 A の成分のほとんどが0でない場合，行列 A を

$$
\underbrace{\begin{pmatrix} a_{1,1} & a_{1,2} & \cdots & a_{1,N} \\ a_{2,1} & a_{2,2} & \cdots & a_{2,N} \\ \cdots\cdots\cdots\cdots \\ a_{N,1} & a_{N,2} & \cdots & a_{N,N} \end{pmatrix}}_{A}
$$

$$
= \underbrace{\begin{pmatrix} 1 & & & & \\ l_{2,1} & 1 & & \text{\Large 0} & \\ l_{3,1} & l_{3,2} & 1 & & \\ \vdots & \vdots & \ddots & \ddots & \\ l_{N,1} & l_{N,2} & \cdots & l_{N,N-1} & 1 \end{pmatrix}}_{L} \underbrace{\begin{pmatrix} u_{1,1} & u_{1,2} & u_{1,3} & \cdots & & u_{1,N} \\ & u_{2,2} & u_{2,3} & \cdots & & u_{2,N} \\ & & \ddots & \ddots & & \vdots \\ & \text{\Large 0} & & & u_{N-1,N-1} & u_{N-1,N} \\ & & & & & u_{N,N} \end{pmatrix}}_{U}
$$

$$
\tag{7.36}
$$

という具合に下3角行列 L と上3角行列 U の積に分解する．そして，$Lz = y$, $Ux = z$ を順に解けばよい．この場合もガウスの消去法と同じ操作を見方を変えて行なっているだけである．A がこのように一般の行列の場合の，*LU* 分解の方法のアルゴリズムを以下に示す．

(1) $N, a_{i,j}, y_i$ を設定　　　　　　　　}$Ax = y$ の問題設定

(2) $i := 1, 2, \cdots, N$ の順に

　　$j := 1, 2, \cdots, i-1$ の順に

　　　$l_{i,j} := \dfrac{1}{u_{j,j}}\left(a_{i,j} - \displaystyle\sum_{k=1}^{j-1} l_{i,k} u_{k,j} \right)$

　　を繰り返す

　　$j := i, i+1, \cdots, N$ の順に

　　　$u_{i,j} := a_{i,j} - \displaystyle\sum_{k=1}^{i-1} l_{i,k} u_{k,j}$

　　を繰り返す

を繰り返す

}*LU* 分解

(3) $z_1 := y_1$

$$\left.\begin{array}{l} i := 2, 3, \cdots, N \text{ の順に} \\ \qquad z_i := y_i - \sum_{k=1}^{i-1} l_{i,k} z_k \\ \text{を繰り返す} \end{array}\right\} \text{前進代入}$$

(4) $x_N := z_N / u_{N,N}$

$$\left.\begin{array}{l} i := N-1, N-2, \cdots, 1 \text{ の順に} \\ \qquad x_i := \left(z_i - \sum_{k=i+1}^{N} u_{i,k} x_k\right)\Big/ u_{i,i} \\ \text{を繰り返す} \end{array}\right\} \text{後退代入}$$

ただし，ガウスの消去法と同様にピボット選択が一般に必要であるが，ここでは省略する．また，アルゴリズムで必要となる四則演算の回数は，当然ガウスの消去法と同じである．

LU 分解の方法の長所　　最後に，LU 分解の方法がガウスの消去法より優れている点をひとつ挙げる．係数行列が一般の形の場合に LU 分解の手続きに要する四則演算の回数は $O(N^3)$ である．それに比べて前進代入・後退代入の手続きでは $O(N^2)$ ですむ．

そこで，元の連立 1 次方程式 $A\bm{x} = \bm{y}$ の係数行列 A を変えずに，いろいろな $\bm{y}$ に対して解 $\bm{x}$ を次つぎに求める場合を考える．LU 分解の方法では最初に 1 回だけ $A = LU$ と分解しておけば，L と U は変わらないので後は $O(N^2)$ の回数の四則演算で解 $\bm{x}$ を次つぎと計算できる．これに対しガウスの消去法では，前進消去の手続きで $\bm{y}$ も同時に変形しなければならない．ゆえに，係数行列 A が変わらなくても異なる $\bm{y}$ を与えた場合には毎回前進消去から始めなければならず，つねに $O(N^3)$ の回数の四則演算を必要とする．この点で LU 分解の方法はガウスの消去法より優れており，この長所が実際の数値計算で役立つことが多い．

7-4 SOR 法

この節では連立1次方程式を解くためのもう1つの解法, **SOR 法**(succesive overrelaxation method, 逐次過緩和法)について説明する. この解法はいままでに説明したガウスの消去法, LU 分解の方法とは異なる特徴をもっている. この特徴のために, 連立1次方程式の形によっては SOR 法の方が優れている場合がある.

ヤコビ法　まず, 2元連立1次方程式

$$\begin{cases} 5x_1 + 4x_2 = 13 \\ 2x_1 + 3x_2 = 8 \end{cases} \tag{7.37}$$

という具体的な問題に SOR 法を適用し, そのアルゴリズムを示す. ただし, SOR 法の基礎となる解法が2つあるのでそれらを先に説明する. なお, (7.37)式の解は $(x_1, x_2) = (1, 2)$ である.

(7.37)式を変形すると,

$$\begin{cases} x_1 = \dfrac{1}{5}(13 - 4x_2) = f_1(x_2) \\ x_2 = \dfrac{1}{3}(8 - 2x_1) = f_2(x_1) \end{cases} \tag{7.38}$$

を得る. 新たな変数 $x_1^{(k)}, x_2^{(k)}$ ($k = 0, 1, \cdots$) を用意し, (7.38)式をもとに $x_1^{(k)}$, $x_2^{(k)}$ に関する以下の漸化式を作る.

$$\begin{cases} x_1^{(k+1)} = \dfrac{1}{5}(13 - 4x_2^{(k)}) = f_1(x_2^{(k)}) \\ x_2^{(k+1)} = \dfrac{1}{3}(8 - 2x_1^{(k)}) = f_2(x_1^{(k)}) \end{cases} \tag{7.39}$$

初期値 $x_1^{(0)}, x_2^{(0)}$ を適当に定めると, (7.39)式に $k = 0$ を代入して $x_1^{(1)}, x_2^{(1)}$ を計算できる. さらに, その値から(7.39)式に $k = 1$ を代入して $x_1^{(2)}, x_2^{(2)}$ を計算できる. 以下同様にして, $x_1^{(k)}, x_2^{(k)}$ の値を k の小さいものから順に次つぎと求めることができる. いま仮に $k \to \infty$ で $x_1^{(k)}, x_2^{(k)}$ の値がそれぞれ α_1, α_2 に収束

したとしよう. すると $(x_1, x_2) = (\alpha_1, \alpha_2)$ は(7.38)式, すなわち, (7.37)式を満たすので解である. また, k を大きくしていけば $x_1^{(k)}, x_2^{(k)}$ は収束値に近づいていくので, 十分大きな k に対する $x_1^{(k)}$, $x_2^{(k)}$ は解の近似値となり得る.

ためしに $x_1^{(0)} = x_2^{(0)} = 0$ として, (7.39)式から $x_1^{(k)}, x_2^{(k)}$ を計算した結果を表7-1に示す. この表から, $k = 41$ のときに真の解とほぼ6桁一致していることがわかる. 以上のように, 適当な初期値から出発し, (7.39)式のような漸化式による反復計算により解の近似値を求め

表7-1 ヤコビ法による結果

k	$x_1^{(k)}$	$x_2^{(k)}$
0	0	0
1	2.60000000	2.66666667
2	0.46666667	0.93333333
3	1.85333333	2.35555556
4	0.71555556	1.43111111
5	1.45511111	2.18962963
6	0.84829630	1.69659259
7	1.24272593	2.10113580
8	0.91909136	1.83818272
9	1.12945383	2.05393909
⋮	⋮	⋮
38	0.99999350	1.99998700
39	1.00001040	2.00000433
40	0.99999653	1.99999307
41	1.00000555	2.00000231

真の解 $(x_1, x_2) = (1, 2)$

る方法を**反復法**(iterative method)という. これに対し, ガウスの消去法, *LU*分解の方法などは**直接法**(direct method)とよばれる. また, 上で説明した反復法は特に**ヤコビ法**(Jacobi's method)とよばれる.

解への収束　それでは, 任意の初期値から出発して必ず解に収束するのであろうか. そのことを考えるために, (7.39)式をベクトル $(x_1^{(k)}, x_2^{(k)})^{\mathrm{T}}$ に関する以下の漸化式の形に書き換える.

$$\begin{pmatrix} x_1^{(k+1)} \\ x_2^{(k+1)} \end{pmatrix} = \underbrace{\begin{pmatrix} 0 & -4/5 \\ -2/3 & 0 \end{pmatrix}}_{\text{行列 } M} \begin{pmatrix} x_1^{(k)} \\ x_2^{(k)} \end{pmatrix} + \begin{pmatrix} 13/5 \\ 8/3 \end{pmatrix} \qquad (7.40)$$

解 $(x_1, x_2) = (1, 2)$ は

$$\begin{pmatrix} 1 \\ 2 \end{pmatrix} = M \begin{pmatrix} 1 \\ 2 \end{pmatrix} + \begin{pmatrix} 13/5 \\ 8/3 \end{pmatrix} \qquad (7.41)$$

を満足するので, これら2つの式の差をとって

$$\begin{pmatrix} x_1^{(k+1)} - 1 \\ x_2^{(k+1)} - 2 \end{pmatrix} = M \begin{pmatrix} x_1^{(k)} - 1 \\ x_2^{(k)} - 2 \end{pmatrix} \qquad (7.42)$$

を導くことができる. この式の左辺, 右辺のベクトルは, それぞれ $k+1, k$ 回

目の反復値と真の解との誤差である．したがって，この式は反復値の誤差の漸化式になっている．さらに，

$$\begin{pmatrix} x_1^{(k)}-1 \\ x_2^{(k)}-2 \end{pmatrix} = M^k \begin{pmatrix} x_1^{(0)}-1 \\ x_2^{(0)}-2 \end{pmatrix} \tag{7.43}$$

となる．

次に行列 M の固有値，固有ベクトルを調べてみよう．M の固有方程式

$$\det\begin{pmatrix} -\lambda & -4/5 \\ -2/3 & -\lambda \end{pmatrix} = 0 \tag{7.44}$$

を解くと，2つの固有値 $\lambda_1 = \sqrt{\dfrac{8}{15}}$, $\lambda_2 = -\sqrt{\dfrac{8}{15}}$ が導かれ，対応する固有ベクトルはそれぞれ $e_1 = (\sqrt{6}, -\sqrt{5})^{\mathrm{T}}$, $e_2 = (\sqrt{6}, \sqrt{5})^{\mathrm{T}}$ となる．すると，(7.43)式の右辺のベクトルは，任意の $x_1^{(0)}, x_2^{(0)}$ に対して

$$\begin{pmatrix} x_1^{(0)}-1 \\ x_2^{(0)}-2 \end{pmatrix} = c_1 e_1 + c_2 e_2 \tag{7.45}$$

というようにベクトル e_1 と e_2 の重ね合わせで表現できる．これから(7.43)式は

$$\begin{aligned} \begin{pmatrix} x_1^{(k)}-1 \\ x_2^{(k)}-2 \end{pmatrix} &= M^k(c_1 e_1 + c_2 e_2) \\ &= c_1 \lambda_1^k e_1 + c_2 \lambda_2^k e_2 \end{aligned} \tag{7.46}$$

となる．さらに，$|\lambda_1| < 1$, $|\lambda_2| < 1$ なので

$$\lim_{k \to \infty} \begin{pmatrix} x_1^{(k)}-1 \\ x_2^{(k)}-2 \end{pmatrix} = \begin{pmatrix} 0 \\ 0 \end{pmatrix} \tag{7.47}$$

となる．よって任意の初期値に対して $x_1^{(k)}, x_2^{(k)}$ が解に収束する．収束するためのポイントは，行列 M の固有値の絶対値がすべて1より小さいことである．

ガウス-ザイデル法　次に**ガウス-ザイデル法**(Gauss-Seidel method)を説明する．ガウス-ザイデル法では，(7.39)式をすこし修正して

$$\begin{cases} x_1^{(k+1)} = \dfrac{1}{5}(13 - 4x_2^{(k)}) = f_1(x_2^{(k)}) \\ x_2^{(k+1)} = \dfrac{1}{3}(8 - 2x_1^{(k+1)}) = f_2(x_1^{(k+1)}) \end{cases} \tag{7.48}$$

とする．(7.39)式の第2式の右辺の $x_1^{(k)}$ が(7.48)式では $x_1^{(k+1)}$ に置き換わっている．この修正の意図を言葉で表わすなら，「第1式で $x_1^{(k)}$ よりも解に近いであろう $x_1^{(k+1)}$ を得るのだから，第2式で直ちにそれを使う」といったところである．この修正とともに，反復計算の順序に制限が加わる．まず，初期値 $x_2^{(0)}$ を与える．すると(7.48)式の第1式から $x_1^{(1)}$ が計算され，次に第2式から $x_2^{(1)}$ が計算される．この手続きを繰り返して，$x_2^{(0)} \to x_1^{(1)} \to x_2^{(1)} \to x_1^{(2)} \to x_2^{(2)} \to \cdots$ の順に $x_1^{(k)}, x_2^{(k)}$ が計算される．また，$x_1^{(0)}$ は必要ない．

$x_2^{(0)} = 0$ を初期値にして計算した結果を表7-2に示す．$k = 21$ で真の解とほぼ6桁一致している．ヤコビ法では $k = 41$ のときに同等の結果が得られたので，この例ではガウス-ザイデル法がヤコビ法より解への収束がほぼ2倍速い，すなわち，同じ精度の結果を得るのに計算の手間が半分ですむ．

じつは，2元連立1次方程式の場合，これは当たり前である．その理由を以下に示す．まず，ガウス-ザイデル法では $x_1^{(k+1)} = f_1(x_2^{(k)}) = f_1(f_2(x_1^{(k)}))$ となる．

表7-2 ガウス-ザイデル法による結果

k	$x_1^{(k)}$	$x_2^{(k)}$
0	―	0
1	2.60000000	0.93333333
2	1.85333333	1.43111111
3	1.45511111	1.69659259
4	1.24272593	1.83818272
5	1.12945383	1.91369745
6	1.06904204	1.95397197
7	1.03682242	1.97545172
8	1.01963863	1.98690758
9	1.01047393	1.99301738
⋮	⋮	⋮
19	1.00001950	1.99998700
20	1.00001040	1.99999307
21	1.00000555	1.99999630

一方，ヤコビ法では $x_1^{(k+2)} = f_1(x_2^{(k+1)}) = f_1(f_2(x_1^{(k)}))$ となる．同じ $x_1^{(k)}$ の値に対してガウス-ザイデル法の $x_1^{(k+1)}$ とヤコビ法の $x_1^{(k+2)}$ の値が等しい．$x_2^{(k)}$ についても同様である．つまり，表7-1の $x_1^{(k)}, x_2^{(k)}$ の1つおきの数値が表7-2の $x_1^{(k)}, x_2^{(k)}$ になっている．したがってガウス-ザイデル法の方が2倍速い．

SOR 法　それでは，いよいよ SOR 法について説明する．あるパラメータ ω を用いて(7.48)式を次式のように修正する．

$$\begin{cases} x_1^{(k+1)} = \dfrac{\omega}{5}(13 - 4x_2^{(k)}) + (1-\omega)x_1^{(k)} = \omega f_1(x_2^{(k)}) + (1-\omega)x_1^{(k)} \\[2mm] x_2^{(k+1)} = \dfrac{\omega}{3}(8 - 2x_1^{(k+1)}) + (1-\omega)x_2^{(k)} = \omega f_2(x_1^{(k+1)}) + (1-\omega)x_2^{(k)} \end{cases} \tag{7.49}$$

ω および $x_1^{(0)}, x_2^{(0)}$ を定めれば，(7.49)式から $x_1^{(1)} \to x_2^{(1)} \to x_1^{(2)} \to x_2^{(2)} \to \cdots$ の順に $x_1^{(k)}, x_2^{(k)}$ が定まる．$k \to \infty$ で $x_1^{(k)}, x_2^{(k)}$ がそれぞれある値に収束するならば，それが解であることは明らかである．また，$\omega = 1$ のとき(7.49)式はガウス-ザイデル法に一致する．なお，パラメータ ω は**加速係数**(acceleration parameter)とよばれる．

SOR 法の意図を理解するため(7.49)式を

$$\begin{cases} x_1^{(k+1)} - x_1^{(k)} = \omega\{f_1(x_2^{(k)}) - x_1^{(k)}\} \\ x_2^{(k+1)} - x_2^{(k)} = \omega\{f_2(x_1^{(k+1)}) - x_2^{(k)}\} \end{cases} \tag{7.50}$$

と書き直す．この式は $\omega = 1$ の場合にガウス-ザイデル法に帰着して，次式のようになる．

$$\begin{cases} x_1^{(k+1)} - x_1^{(k)} = f_1(x_2^{(k)}) - x_1^{(k)} \\ x_2^{(k+1)} - x_2^{(k)} = f_2(x_1^{(k+1)}) - x_2^{(k)} \end{cases} \tag{7.51}$$

(7.51)式の左辺は，x_1, x_2 の k 回目の反復値から $k+1$ 回目の反復値への変化量を意味し，右辺によってその変化量が計算される．ということは，(7.50)式ではガウス-ザイデル法の流儀で計算される変化量((7.50)式の下線部)に ω という数を掛けることによって，変化を「加速」しているのである．ただし，(7.50)式と(7.51)式は $\omega \neq 1$ ならばもはや異なる漸化式であるので，(7.50)式の下線部と(7.51)式の右辺は実際の計算では同じ値にならない．ここでの説明はあくまで SOR 法の意図を感覚的に表わしたものと思っていただきたい．

では，初期値を $x_1^{(0)} = x_2^{(0)} = 0$ とし，$\omega = 1.2$ および 1.5 としたときの計算結果を表 7-3 に示す．$\omega = 1.2$ の場合は $k = 10$ 付近で真の解と 6 桁一致している．この収束の速さはガウス-ザイデル法の約 2 倍である．$\omega = 1.5$ の場合は，収束の速さはガウス-ザイデル法とほとんど変わらない．

この例でわかるように，パラメータ ω の値によって収束の速さが変わり，収束の速さを最大にする最適の ω の値が存在するのである．いまの連立 1 次方程式の場合は，計算を省くが $\omega = 1.18\cdots$ であり，$\omega = 1.2$ はこれに近いので収束が速かったのである．

一般の連立 1 次方程式の場合　具体例に沿った説明はここで打ち切り，次式の一般の連立 1 次方程式について各解法を順に説明する．

表7-3 SOR 法による結果

	(a) $\omega=1.2$ の場合			(b) $\omega=1.5$ の場合	
k	$x_1^{(k)}$	$x_2^{(k)}$	k	$x_1^{(k)}$	$x_2^{(k)}$
0	0	0	0	0	0
1	3.12000000	0.70400000	1	3.90000000	0.10000000
2	1.82016000	1.60307200	2	1.83000000	2.12000000
3	1.21701888	1.90577050	3	0.44100000	2.49900000
4	1.04705655	1.98120066	4	0.68070000	2.06980000
5	1.00863605	1.99685102	5	1.07589000	1.88921000
6	1.00129581	1.99959315	6	1.09500300	1.96039200
7	1.00013141	1.99997624	7	1.00002810	2.01977590
8	0.99999653	2.00000753	8	0.97625487	2.01385718
9	0.99999347	2.00000372	9	0.99524395	1.99782746
10	0.99999773	2.00000107	⋮	⋮	⋮
11	0.99999943	2.00000024	18	0.99998578	1.99999939
12	0.99999988	2.00000005	19	1.00000785	1.99999246
13	0.99999998	2.00000001	20	1.00000513	1.99999864

$$\begin{cases} a_{1,1}x_1 + a_{1,2}x_2 + \cdots + a_{1,N}x_N = y_1 \\ a_{2,1}x_1 + a_{2,2}x_2 + \cdots + a_{2,N}x_N = y_2 \\ \qquad\cdots\cdots\cdots\cdots \\ a_{N,1}x_1 + a_{N,2}x_2 + \cdots + a_{N,N}x_N = y_N \end{cases} \qquad (7.52)$$

まず，(7.52)式を変形して

$$\begin{cases} x_1 = \dfrac{1}{a_{1,1}}\{y_1 - (a_{1,2}x_2 + a_{1,3}x_3 + \cdots + a_{1,N}x_N)\} \\[2mm] x_2 = \dfrac{1}{a_{2,2}}\{y_2 - (a_{2,1}x_1 + a_{2,3}x_3 + \cdots + a_{2,N}x_N)\} \\[2mm] \qquad\cdots\cdots\cdots\cdots \\[1mm] x_i = \dfrac{1}{a_{i,i}}\{y_i - (a_{i,1}x_1 + a_{i,2}x_2 + \cdots + a_{i,i-1}x_{i-1} + a_{i,i+1}x_{i+1} + \cdots + a_{i,N}x_N)\} \\[2mm] \qquad\cdots\cdots\cdots\cdots \\[1mm] x_N = \dfrac{1}{a_{N,N}}\{y_N - (a_{N,1}x_1 + a_{N,2}x_2 + \cdots + a_{N,N-1}x_{N-1})\} \end{cases} \qquad (7.53)$$

とする．この式を利用して次の漸化式を作る．

$$
\left\{
\begin{array}{l}
x_1^{(k+1)} = \dfrac{1}{a_{1,1}}\{y_1 - (a_{1,2}x_2^{(k)} + a_{1,3}x_3^{(k)} + \cdots + a_{1,N}x_N^{(k)})\} \\[2mm]
x_2^{(k+1)} = \dfrac{1}{a_{2,2}}\{y_2 - (a_{2,1}x_1^{(k)} + a_{2,3}x_3^{(k)} + \cdots + a_{2,N}x_N^{(k)})\} \\[2mm]
\qquad \cdots\cdots\cdots\cdots \\[2mm]
x_i^{(k+1)} = \dfrac{1}{a_{i,i}}\{y_i - (a_{i,1}x_1^{(k)} + a_{i,2}x_2^{(k)} + \cdots + a_{i,i-1}x_{i-1}^{(k)} \\[2mm]
\qquad\qquad\qquad + a_{i,i+1}x_{i+1}^{(k)} + \cdots + a_{i,N}x_N^{(k)})\} \\[2mm]
\qquad \cdots\cdots\cdots\cdots \\[2mm]
x_N^{(k+1)} = \dfrac{1}{a_{N,N}}\{y_N - (a_{N,1}x_1^{(k)} + a_{N,2}x_2^{(k)} + \cdots + a_{N,N-1}x_{N-1}^{(k)})\}
\end{array}
\right.
\tag{7.54}
$$

これがヤコビ法の漸化式である. いま, ベクトル $\boldsymbol{x}^{(k)}$ を $\boldsymbol{x}^{(k)} = (x_1^{(k)}, x_2^{(k)}, \cdots,$ $x_N^{(k)})^{\mathrm{T}}$ と定義しよう. すると, 適当な初期値 $\boldsymbol{x}^{(0)}$ から出発して(7.54)式を用いて $\boldsymbol{x}^{(1)}, \boldsymbol{x}^{(2)}, \cdots$ を次つぎと計算できる. $k \to \infty$ で $\boldsymbol{x}^{(k)}$ がある定ベクトル $\boldsymbol{x}^{(\infty)}$ に収束すれば, それが解であることは明らかである. そこで, この節の後で述べるような収束判定条件で計算を途中で打ち切り, そのときの $\boldsymbol{x}^{(k)}$ の値を解の近似値とするのである. 初期値 $\boldsymbol{x}^{(0)}$ は, 特に候補がなければ $\boldsymbol{x}^{(0)} =$ $(0, 0, \cdots, 0)^{\mathrm{T}}$ などのように適当に設定する.

ガウス-ザイデル法の漸化式は, (7.54)式をさらに修正して,

$$
\left\{
\begin{array}{l}
x_1^{(k+1)} = \dfrac{1}{a_{1,1}}\{y_1 - (a_{1,2}x_2^{(k)} + a_{1,3}x_3^{(k)} + a_{1,4}x_4^{(k)} + \cdots + a_{1,N}x_N^{(k)})\} \\[2mm]
x_2^{(k+1)} = \dfrac{1}{a_{2,2}}\{y_2 - (a_{2,1}x_1^{(k+1)} + a_{2,3}x_3^{(k)} + a_{2,4}x_4^{(k)} + \cdots + a_{2,N}x_N^{(k)})\} \\[2mm]
x_3^{(k+1)} = \dfrac{1}{a_{3,3}}\{y_3 - (a_{3,1}x_1^{(k+1)} + a_{3,2}x_2^{(k+1)} + a_{3,4}x_4^{(k)} + \cdots + a_{3,N}x_N^{(k)})\} \\[2mm]
\qquad \cdots\cdots\cdots\cdots \\[2mm]
x_i^{(k+1)} = \dfrac{1}{a_{i,i}}\{y_i - (a_{i,1}x_1^{(k+1)} + a_{i,2}x_2^{(k+1)} + a_{i,3}x_3^{(k+1)} + \cdots + a_{i,i-1}x_{i-1}^{(k+1)} \\[2mm]
\qquad\qquad\qquad + a_{i,i+1}x_{i+1}^{(k)} + \cdots + a_{i,N}x_N^{(k)})\} \\[2mm]
\qquad \cdots\cdots\cdots\cdots \\[2mm]
x_N^{(k+1)} = \dfrac{1}{a_{N,N}}\{y_N - (a_{N,1}x_1^{(k+1)} + a_{N,2}x_2^{(k+1)} + a_{N,3}x_3^{(k+1)} + \cdots + a_{N,N-1}x_{N-1}^{(k+1)})\}
\end{array}
\right.
\tag{7.55}
$$

となる. 網掛けで示した部分がヤコビ法と異なる部分である. 1番目の式で $x_1^{(k+1)}$ を計算したら直ちに2番目の式の $x_2^{(k+1)}$ の計算にその値を使用し, さらに3番目の式で $x_3^{(k+1)}$ の計算に $x_1^{(k+1)}, x_2^{(k+1)}$ の値を使用する. 以下同様にして i 番目の式で $x_i^{(k+1)}$ を得れば, $i+1$ 番目以降の式では $x_i^{(k)}$ の代わりに $x_i^{(k+1)}$ を右辺で使用する. このため漸化式は上から順に計算しなければならない. こうしてガウス–ザイデル法では,「新たな近似値を得れば直ちにそれを使用する」点がヤコビ法と異なる.

次に, SOR法の漸化式は(7.55)式をさらに修正して

$$
\begin{cases}
x_1^{(k+1)} = \dfrac{\omega}{a_{1,1}}\{y_1 - (a_{1,2}x_2^{(k)} + a_{1,3}x_3^{(k)} + a_{1,4}x_4^{(k)} + \cdots + a_{1,N}x_N^{(k)})\} + (1-\omega)x_1^{(k)} \\[2mm]
x_2^{(k+1)} = \dfrac{\omega}{a_{2,2}}\{y_2 - (a_{2,1}x_1^{(k+1)} + a_{2,3}x_3^{(k)} + a_{2,4}x_4^{(k)} + \cdots + a_{2,N}x_N^{(k)})\} + (1-\omega)x_2^{(k)} \\[2mm]
x_3^{(k+1)} = \dfrac{\omega}{a_{3,3}}\{y_3 - (a_{3,1}x_1^{(k+1)} + a_{3,2}x_2^{(k+1)} + a_{3,4}x_4^{(k)} + \cdots + a_{3,N}x_N^{(k)})\} + (1-\omega)x_3^{(k)} \\[2mm]
\qquad\cdots\cdots\cdots\cdots \\[2mm]
x_i^{(k+1)} = \dfrac{\omega}{a_{i,i}}\{y_i - (a_{i,1}x_1^{(k+1)} + a_{i,2}x_2^{(k+1)} + a_{i,3}x_3^{(k+1)} + \cdots + a_{i,i-1}x_{i-1}^{(k+1)} \\[2mm]
\qquad\qquad + a_{i,i+1}x_{i+1}^{(k)} + \cdots + a_{i,N}x_N^{(k)})\} + (1-\omega)x_i^{(k)} \\[2mm]
\qquad\cdots\cdots\cdots\cdots \\[2mm]
x_N^{(k+1)} = \dfrac{\omega}{a_{N,N}}\{y_N - (a_{N,1}x_1^{(k+1)} + a_{N,2}x_2^{(k+1)} + a_{N,3}x_3^{(k+1)} + \cdots + a_{N,N-1}x_{N-1}^{(k+1)})\} \\[2mm]
\qquad\qquad + (1-\omega)x_N^{(k)}
\end{cases}
$$

$$(7.56)$$

とする. ここで, ω はすべての式に共通な定数である. $\omega=1$ でSOR法はガウス–ザイデル法に帰着する. 前の2元連立1次方程式の例で述べたように, SOR法は「ガウス–ザイデル法の流儀による $\boldsymbol{x}^{(k+1)}$ の予測値を ω を用いて加速する」方法であるといえる.

なお, SOR法で $\boldsymbol{x}^{(k)}$ が解に収束するためには, 少なくとも $0<\omega<2$ でなければならないことがわかっている. また, 連立1次方程式がある条件を満たすとき, 収束の速さを最大にする最適の ω が $1<\omega<2$ の範囲に存在し, このときヤコビ法, ガウス–ザイデル法よりも速く収束する.

収束判定条件　ヤコビ法，ガウス-ザイデル法，SOR 法の漸化式を列挙したが，どれも反復法であり，ある条件を満たせば反復計算を途中で打ち切るという形にしておかなければ計算が終了しない．計算を打ち切るための条件としては，$x^{(k)}$ の値が真の解に十分近づいたことを判定する収束判定条件を用いる．収束の判定は難しい問題であり，いろいろな条件が工夫されている．ここでは以下の条件を採用することにする．

ε を，ある小さな正数であるとする．そして $x^{(k)}$ に関する漸化式を $k = 0, 1, \cdots$ の順に計算していき，

$$\sum_{i=1}^{N} |x_i^{(k+1)} - x_i^{(k)}| < \varepsilon \sum_{i=1}^{N} |x_i^{(k+1)}| \tag{7.57}$$

となれば計算を打ち切って $x^{(k+1)}$ を答とする．

この条件の意味は以下のとおりである．まず，上式の両辺を N で割って

$$\frac{1}{N} \sum_{i=1}^{N} |x_i^{(k+1)} - x_i^{(k)}| < \varepsilon \frac{1}{N} \sum_{i=1}^{N} |x_i^{(k+1)}| \tag{7.58}$$

とすると理解しやすい．左辺は $x^{(k+1)}$ と $x^{(k)}$ の各成分の差の絶対値を平均したものである．また，右辺の $\frac{1}{N} \sum_{i=1}^{N} |x_i^{(k+1)}|$ は $x^{(k+1)}$ の各成分の絶対値の平均値である．すなわち収束判定条件は，「成分で考えて平均すると，$x^{(k+1)}$ と $x^{(k)}$ の差が，$x^{(k+1)}$ の大きさの ε 倍未満に小さくなる」という条件なのである．なお，その他の収束判定条件として，例えば次のようなものがある．

$$\max_{1 \leq i \leq N} |x_i^{(k+1)} - x_i^{(k)}| < \varepsilon \times \max_{1 \leq i \leq N} |x_i^{(k+1)}| \tag{7.59}$$

ヤコビ法のアルゴリズム　ここで，各解法について初期値設定から収束判定条件による計算終了までの手続きをアルゴリズムにまとめる．まず，ヤコビ法では(7.54)式を用いて $x^{(k)}$ から $x^{(k+1)}$ を計算してしまうと，次の $x^{(k+2)}$ の計算には $x^{(k)}$ が不要になる．そこで，変数を記憶するメモリを節約した以下のようなアルゴリズムが考えられる．

（1）　$N, a_{i,j}, y_i$ が与えられる（問題設定）

初期値 $x = (x_1, x_2, \cdots, x_N)^{\mathrm{T}}$ を設定する

ε を設定する

（2）　以下

　　$sum := 0, \quad error := 0$

　　　$i := 1, 2, \cdots, N$ の順に

　　　　$z_i := \dfrac{1}{a_{i,i}}\Big\{ y_i - \displaystyle\sum_{j=1}^{i-1} a_{i,j} x_j - \sum_{j=i+1}^{N} a_{i,j} x_j \Big\}$

　　　　$sum := sum + |z_i|$

　　　　$error := error + |z_i - x_i|$

　　　を繰り返す

　　　もし $error < \varepsilon \cdot sum$ ならばステップ（3）に移る

　　　$i := 1, 2, \cdots, N$ の順に

　　　　$x_i := z_i$

　　　を繰り返す

　　を繰り返す

（3）　$\boldsymbol{z} = (z_1, z_2, \cdots, z_N)^{\mathrm{T}}$ を答とする.

上のアルゴリズムの $\boldsymbol{x}, \boldsymbol{z}$ はそれぞれ $\boldsymbol{x}^{(k)}, \boldsymbol{x}^{(k+1)}$ の役割を果たしている. また, 変数 $sum, error$ はそれぞれ $\displaystyle\sum_{i=1}^{N} |x_i^{(k+1)}|,\ \sum_{i=1}^{N} |x_i^{(k+1)} - x_i^{(k)}|$ を計算するための変数である.

SOR 法のアルゴリズム　　次に SOR 法のアルゴリズムを示す. ガウス-ザイデル法は SOR 法で $\omega = 1$ の場合に相当するので, ここでは省略する. SOR 法では（7.56）式の上から i 番目の式までは $x_i^{(k)}$ が登場し, i 番目の式で $x_i^{(k+1)}$ を計算した後は二度と $x_i^{(k)}$ が現われない.

そこで, ヤコビ法よりもさらにメモリを節約した以下のアルゴリズムが考えられる.

（1）　$N, a_{i,j}, y_i$ が与えられる（問題設定）

　　　初期値 $\boldsymbol{x} = (x_1, x_2, \cdots, x_N)^{\mathrm{T}}$ を設定する

　　　ε, ω を設定する

(2) ┌ 以下

$\quad sum := 0, \quad error := 0$

┌ $i := 1, 2, \cdots, N$ の順に

$$new\_x := \frac{\omega}{a_{i,i}}\Big\{y_i - \sum_{j=1}^{i-1} a_{i,j}x_j - \sum_{j=i+1}^{N} a_{i,j}x_j\Big\} + (1-\omega)x_i$$

$\quad sum := sum + |new\_x|$

$\quad error := error + |new\_x - x_i|$

$\quad x_i := new\_x$

└ を繰り返す

$\quad$ もし $error < \varepsilon \cdot sum$ ならばステップ(3)に移る

└ を繰り返す

(3) $\boldsymbol{x}$ を答とする.

このアルゴリズムでは,$\boldsymbol{x}^{(k)}$ のための変数として $\boldsymbol{x} = (x_1, x_2, \cdots, x_N)^{\mathrm{T}}$ と補助的な変数 new_x だけですんでいる.

各解法の特徴 最後に,補足事項をいくつか述べる.ただし,数学的に厳密な議論は複雑で,本書の範囲を超える.詳しい説明は巻末の参考書を参照していただきたい.

<u>解への収束</u> すべての解法で漸化式を $\boldsymbol{x}^{(k+1)} = M\boldsymbol{x}^{(k)} + \boldsymbol{c}$ の形に表わすことができる.ここで M は N 次の正方行列で $\boldsymbol{c}$ は定ベクトルである.任意の初期値 $\boldsymbol{x}^{(0)}$ から出発して $k \to \infty$ で $\boldsymbol{x}^{(k)}$ が解のベクトルに収束するためには,M のすべての固有値の絶対値が1より小さいことが必要十分条件となる.ところが,連立1次方程式の規模が大きくなると固有値を調べること自体が難しい.そこで,元の連立1次方程式 $A\boldsymbol{x} = \boldsymbol{y}$ の係数行列 A がどのような形であれば収束するかという十分条件がいろいろ調べられている.

しかしながら,収束しない例も簡単に作ることができる.ここでは,とりあえず反復法を試してみて,うまく行かなければ考え直すという程度にとどめておく.

<u>ω の決定</u> SOR 法の ω を最適の値に選ぶと,$\omega = 1$ のガウス-ザイデル法と比べて解への収束が数倍から数十倍速くなることがよくある.しかし,与えら

れた連立 1 次方程式に対して最適の ω を計算することはなかなか難しい．連立 1 次方程式の係数行列がある条件を満たすときに，最適である ω を計算する方法がいくつか存在する程度である．もし，ある連立 1 次方程式を 1 回解くだけで，しかも最適の ω の値を全く予想できないならば，とりあえずガウス-ザイデル法を使用することをおすすめする．

　一方，実際の問題では同じ係数行列の連立 1 次方程式を右辺の値を変えながら何回も解くことがある．この場合はガウス-ザイデル法の 2 倍の速さになるだけでもメリットが出てくる．そこで，予備的な問題で ω の値をいろいろ変えてみて実験し，なるべく最適の ω に近づけておくという単純な方法も有効となる．

　<u>直接法 vs. 反復法</u>　どちらの系統の方法がよいとは一概にいえない．連立 1 次方程式の係数行列の形，問題の規模，解に求められる精度，使用できるメモリ量，使用する計算機の種類などに応じて解法を選択する必要がある．そこで本書で触れた解法に限って直接法と反復法のそれぞれの長所をまとめる．

　まず，直接法では有限回の手続きで必ず解を得ることができる．原理的にはあらゆる連立 1 次方程式に適用可能である．

　一方，反復法では解へ収束することが前提になるので，適用できる連立 1 次方程式に制限のあるのが難点であるが，反復法向けの問題ではメモリ使用量が非常に少なくてすむ．例えば(6.53)式に **SOR** 法を適用すると，必要なメモリは右辺のベクトルと解の反復値のベクトルを記憶する分だけでほぼすむ(第 7 章演習問題 [5])．

　なお，本書では触れることができなかったが，不完全コレスキー分解と共役傾斜法を組み合わせた **ICCG 法**とよばれる有力な解法が存在する．この解法は大規模な問題を高速に解く方法として知られている．機会があれば巻末の参考書などで勉強されることをおすすめする．

第7章 演習問題

[1] ガウスの消去法を用いて以下の連立1次方程式を解け.

(1) $\begin{pmatrix} 1 & -2 & 3 \\ 2 & 1 & 0 \\ 1 & 2 & -1 \end{pmatrix}\begin{pmatrix} x_1 \\ x_2 \\ x_3 \end{pmatrix} = \begin{pmatrix} 1 \\ 5 \\ 5 \end{pmatrix}$

(2) $\begin{pmatrix} 2 & -2 & 1 \\ 1 & -1 & 2 \\ -1 & 3 & 1 \end{pmatrix}\begin{pmatrix} x_1 \\ x_2 \\ x_3 \end{pmatrix} = \begin{pmatrix} -9 \\ -3 \\ 12 \end{pmatrix}$

(3) $\begin{pmatrix} 1 & -2 & 3 & 1 & 2 \\ 2 & 1 & -1 & 2 & 4 \\ 3 & -1 & -2 & 1 & -1 \\ 1 & 3 & 1 & -4 & -2 \\ 4 & -2 & 1 & 3 & -3 \end{pmatrix}\begin{pmatrix} x_1 \\ x_2 \\ x_3 \\ x_4 \\ x_5 \end{pmatrix} = \begin{pmatrix} 13 \\ 7 \\ -5 \\ 2 \\ -7 \end{pmatrix}$

[2] LU 分解の方法を用いて以下の連立1次方程式を解け.

(1) $\begin{pmatrix} 2 & -1 & 0 \\ -1 & 2 & -1 \\ 0 & -1 & 2 \end{pmatrix}\begin{pmatrix} x_1 \\ x_2 \\ x_3 \end{pmatrix} = \begin{pmatrix} -1 \\ 2 \\ 1 \end{pmatrix}$

(2) $\begin{pmatrix} 4 & 1 & 0 & 0 & 0 \\ 2 & 4 & 1 & 0 & 0 \\ 0 & 2 & 4 & 1 & 0 \\ 0 & 0 & 2 & 4 & 1 \\ 0 & 0 & 0 & 2 & 4 \end{pmatrix}\begin{pmatrix} x_1 \\ x_2 \\ x_3 \\ x_4 \\ x_5 \end{pmatrix} = \begin{pmatrix} 2 \\ -1 \\ -1 \\ 0 \\ 3 \end{pmatrix}$

[3] 係数行列が5重対角の形の以下の連立1次方程式を LU 分解の方法で解く.

$$\underbrace{\begin{pmatrix} a_1 & c_1 & f_1 & & & & \\ b_2 & a_2 & c_2 & f_2 & & \text{\huge 0} & \\ e_3 & b_3 & a_3 & c_3 & f_3 & & \\ & \ddots & \ddots & \ddots & \ddots & \ddots & \\ & & e_{N-2} & b_{N-2} & a_{N-2} & c_{N-2} & f_{N-2} \\ & \text{\huge 0} & & e_{N-1} & b_{N-1} & a_{N-1} & c_{N-1} \\ & & & & e_N & b_N & a_N \end{pmatrix}}_{\text{係数行列 } A} \underbrace{\begin{pmatrix} x_1 \\ x_2 \\ x_3 \\ \vdots \\ x_{N-2} \\ x_{N-1} \\ x_N \end{pmatrix}}_{\boldsymbol{x}} = \underbrace{\begin{pmatrix} y_1 \\ y_2 \\ y_3 \\ \vdots \\ y_{N-2} \\ y_{N-1} \\ y_N \end{pmatrix}}_{\boldsymbol{y}}$$

(1) L, U をそれぞれ

$$L = \begin{pmatrix} 1 & & & & \\ l_2 & 1 & & \text{\huge 0} & \\ m_3 & l_3 & 1 & \ddots & \\ & \ddots & \ddots & \ddots & \\ \text{\huge 0} & & m_N & l_N & 1 \end{pmatrix}, \quad U = \begin{pmatrix} d_1 & u_1 & f_1 & & \\ & \ddots & \ddots & \ddots & \text{\huge 0} \\ & & d_{N-2} & u_{N-2} & f_{N-2} \\ & & & d_{N-1} & u_{N-1} \\ \text{\huge 0} & & & & d_N \end{pmatrix}$$

とし，$A=LU$ と分解する．l_i, m_i, d_i, u_i を決定するためのアルゴリズムを示せ．

(2) (1)で求めた L, U を用いて $\boldsymbol{x}$ を求めるアルゴリズムを示せ．

[4] 問題[2]の(1), (2)の連立1次方程式を SOR 法を用いて解け．ただし，反復計算の初期値を $\boldsymbol{x}^{(0)}=(0,0,\cdots,0)^{\mathrm{T}}$ とし，収束判定条件は

$$\sum_{i=1}^{N}|x_i^{(k+1)}-x_i^{(k)}| < 10^{-6}\sum_{i=1}^{N}|x_i^{(k+1)}|$$

とせよ．ω を 1 から 1.9 まで 0.1 刻みに変え，それぞれの場合について計算を行ない，計算終了までの反復回数を調べよ．

[5] 変数 $U_{i,j}$（$i=0,1,\cdots,20$, $j=0,1,\cdots,20$）に対して以下の条件が与えられているとする．

$$4U_{i,j}-(U_{i+1,j}+U_{i-1,j}+U_{i,j+1}+U_{i,j-1})=0$$
$$(i=1,2,\cdots,19, \ j=1,2,\cdots,19) \qquad \text{(a)}$$

$$\begin{cases} U_{i,0}=\sin\left(\dfrac{\pi}{20}i\right), \quad U_{i,20}=0 \quad (i=1,2,\cdots,19) \\ U_{0,j}=U_{20,j}=0 \qquad (j=0,1,\cdots,20) \end{cases} \qquad \text{(b)}$$

$U_{i,0}, U_{i,20}, U_{0,j}, U_{20,j}$ の値は(b)式で与えられているので，(a)式を $U_{i,j}$（$i=1,2,\cdots,19$, $j=1,2,\cdots,19$）に対する連立1次方程式とみなすことができる．この問題は，第6章の(6.53)式の形の連立1次方程式であり，図 6-16 の計算例と同じ問題設定である．

(a)式を SOR 法によって解き，$U_{10,10}, U_{5,5}, U_{5,15}, U_{15,5}, U_{15,15}$ の値を答えよ．ただし，$\omega=1$（ガウス-ザイデル法）および $\omega=1.73$（最適な ω の近似値）の 2 つの場合について計算し，収束判定条件を満たすまでの反復回数を比較せよ．

プログラムのためのヒント：まず，SOR 法のアルゴリズムで変数 $\boldsymbol{x}$ の代わりに $U_{i,j}$（$i=0,1,\cdots,20$, $j=0,1,\cdots,20$）を用意する．そしてアルゴリズムを以下のように修正する．

(1) $N:=20$

$\lceil$ $i:=0,1,\cdots,N$ の順に
  $\lceil$ $j:=0,1,\cdots,N$ の順に
    $U_{i,j}:=0$
  $\lfloor$ を繰り返す
$\lfloor$ を繰り返す

$$\left\lceil \begin{array}{l} i := 1, 2, \cdots, N-1 \text{ の順に} \\ \quad U_{i,0} := \sin\left(\frac{\pi}{20}i\right) \\ \text{を繰り返す} \end{array} \right.$$

$\varepsilon := 10^{-10}, \ \omega := 1 \text{ もしくは } 1.73$

(2)
$$\left\lceil \begin{array}{l} \text{以下} \\ \quad sum := 0, \ error := 0 \\ \quad \left\lceil \begin{array}{l} i := 1, 2, \cdots, N-1 \text{ の順に} \\ \quad \left\lceil \begin{array}{l} j := 1, 2, \cdots, N-1 \text{ の順に} \\ \quad new\_U := \frac{\omega}{4}(U_{i+1,j}+U_{i-1,j}+U_{i,j+1}+U_{i,j-1})+(1-\omega)U_{i,j} \\ \quad sum := sum + |new\_U| \\ \quad error := error + |new\_U - U_{i,j}| \\ \quad U_{i,j} := new\_U \\ \text{を繰り返す} \end{array} \right. \\ \text{を繰り返す} \\ \quad \text{もし } error < \varepsilon \cdot sum \text{ ならばステップ(3)に移る} \end{array} \right. \\ \text{を繰り返す} \end{array} \right.$$

(3) $U_{10,10}, U_{5,5}, U_{5,15}, U_{15,5}, U_{15,15}$ の値を答える.

なお,収束判定のための ε の値を 10^{-10} としている.

さらに勉強するために

本書では数値計算におけるいくつかのテーマを取り上げ，初学者向けにていねいに解説した．このため，数学的に厳密な導出・証明や，より高度な数値計算法に関する記述を割愛せざるを得なかった．また，本書で触れることのできなかったテーマも存在する．このため，数値計算に興味をもたれた読者が，より本格的に勉強するための参考書を以下に挙げる．なお，本書を執筆する際に，筆者もこれらの書物を大いに参考にさせていただいた．

　まず，数値計算全般に関する参考書としては以下のものをおすすめする．

　[1]　洲之内治男：『数値計算』，サイエンス社(1978)

　[2]　森正武：『FORTRAN 77 数値計算プログラミング増補版』，岩波書店
　　　（1987）

　[3]　森口繁一：『数値計算工学』，岩波書店(1989)

　[4]　山本哲朗：『数値解析入門』，サイエンス社(1976)

[1]は，基本的な数値計算についてコンパクトにまとめている．[2]は実用的な解法を中心にプログラミングの技術も含めて解説している．[3]は豊富な計算例によって理論の検証をていねいに行なっている．[4]は数値計算全般にわたって理論をまとめている．

　実際に数値計算を行なう場合に，どの解法を用いるのがよいか，どのような点に注意すべきかなど迷うことが多い．この際の指針を与えてくれる参考書として以下の2つをおすすめする．

　[5]　W. Press, B. Flannery, S. Teukolsky and W. Vetterling：『Numer-
　　　ical Recipes in C 日本語版』(丹慶勝市・奥村晴彦・佐藤俊郎・小林誠訳)，
　　　技術評論社(1993)

　[6]　伊理正夫・藤野和建：『数値計算の常識』，共立出版(1985)

[5]は数値計算の各テーマについて解法を網羅し，どのような場合にどの解法

が適しているかを根拠まで含めて解説している．さらに，C 言語のプログラム
が提供されている．[6]は数値計算を行なう際の考え方や注意点を書き連ねた
ユニークな心覚え集である．

　本書の第 5 章〜第 7 章で解説した微分方程式や連立 1 次方程式の数値計算に
関しては，そのテーマだけで 1 冊の参考書として書かれているものも多い．以
下にいくつか挙げる．

　　[7]　菊地文雄・山本昌宏：『微分方程式と計算機演習』，山海堂(1991)

　　[8]　戸川隼人：『微分方程式の数値計算』，オーム社(1973)

　　[9]　高見穎郎・河村哲也：『偏微分方程式の差分解法』，東京大学出版会
　　　(1994)

　　[10]　菊地文雄：『有限要素法概説』，サイエンス社(1980)

　　[11]　戸川隼人：『マトリクスの数値計算』，オーム社(1971)

　　[12]　村田健郎・名取亮・唐木幸比古：『大型数値シミュレーション』，岩波
　　　書店(1990)

[7]は主に微分方程式に関して解説と演習問題・解答をバランスよく配置して
いる．[8]は微分方程式に関して，有限要素法と差分法を中心にして理論と解
法をまとめたハンドブックである．[9]は前半で偏微分方程式の差分法の基礎
を解説し，後半で流体力学への応用とそのためのより高度なテクニックを解説
している．なお，筆者は学生時代に偏微分方程式の数値計算に関して高見，河
村両先生に手ほどきを受け，その経験が本書でも生きている．[10]は微分方程
式の有限要素法に関する初学者向けの参考書である．[11]は連立 1 次方程式，
固有値問題など行列に関する話題を中心に，理論と解法をまとめたハンドブッ
クである．[12]は行列が関わる問題について，特に大型行列の数値計算に重点
を置いて理論と応用を解説している．

演習問題略解

演習問題の略解を以下に示す．なお，計算結果の数値は下位の桁を4捨5入や切り捨てなどによって丸めている．また，使用する計算機環境が異なると，計算結果は微妙に変わりうる．したがって，いつも同じ答が得られるとは限らないので注意して欲しい．

第1章

[1] （1）足し算が n 回，掛け算が $\sum_{i=1}^{n-1} i = \dfrac{n(n-1)}{2}$ 回の合計 $n(n+1)/2$ 回．$n(n+1)/2 = O(n^2)$．（2）55秒，1時間24分10秒，5日19時間1分40秒．（3）引き算が2回，割り算が1回，掛け算が n 回の合計 $n+3$ 回．13秒，1分43秒，16分43秒．

[2] （1）1.23．（2）136．（3）0.00543．

[3] （1）9.875．相対誤差は約 -1.56×10^{-4}．（2）9.877．相対誤差は約 4.66×10^{-5}．（3）10.00．相対誤差は約 1.25×10^{-2}．

[4] （1.15）式の h を $-2h$ で置き換えて

$$f(x-2h) = \sum_{j=0}^{n-1} \frac{(-2h)^j}{j!} f^{(j)}(x) + \frac{(-2h)^n}{n!} f^{(n)}(\xi)$$

ここで ξ は $x-2h$ と x の間の数．例えば $n=3$ のとき

$$f(x-2h) = f(x) - 2hf'(x) + 2h^2 f''(x) - \frac{4}{3} h^3 f'''(\xi)$$

[5] （1.16b）式より $(x+h)^3 = x^3 + 3hx^2 + 3h^2\xi$．両辺を比較して $\xi = x + \dfrac{h}{3}$．よって ξ は h の正負を問わず x と $x+h$ の間にある．

[6] （ⅰ）55．（ⅱ）27．（ⅲ）100．

第2章

[1] （1）0.824132$\cdots$．（2）0.680598$\cdots$．

[2] （1）2．［1.5と2.5の間には $x=2$ の根しか存在しない．］（2）1．［-2 と5の間には，1, 2, 3の3つの根が存在している．しかし，1回目の反復で新たな (a, b) は $(-2, 1.5)$ となり，a, b の間には $x=1$ の根しか存在しない．］

[3] （1）1．（2）3．［両方ともグラフを描いて考えれば明らか．］

[4] 初期値 x_0 が1.53, 1.54, 1.55, 1.56のとき，得られる根はそれぞれ3, 1, 3, 2となる．例えば $x_0 = 1.54$ の場合，$x_1 \fallingdotseq 2.53$, $x_2 \fallingdotseq -0.053$ となり，n が小さいうちは x_n が3つの

根のまわりで大きく変化する.

[5] 結果を表1に示す. $x_0=0$ の場合は(2.13)式で評価される収束の速さを示している. $x_0=3$ の場合は収束が遅く, x_{n+1} の誤差は x_n の誤差の約半分にしかならない.

表1

(a) $x_0=0$ の場合

n	x_n
0	0
1	0.5000000
2	0.8000000
3	0.9499999
4	0.9956521
5	0.9999626
6	0.9999999
7	1.0000000

(b) $x_0=3$ の場合

n	x_n	n	x_n
0	3	11	2.0008937
1	2.6000000	12	2.0004470
2	2.3473684	13	2.0002235
3	2.1935166	14	2.0001118
4	2.1040142	15	2.0000559
5	2.0543468	16	2.0000279
6	2.0278561	17	2.0000139
7	2.0141142	18	2.0000069
8	2.0071059	19	2.0000034
9	2.0035654	20	2.0000017
10	2.0017858		

[6] (2.12)式で $f(\alpha)=f'(\alpha)=0$ を考慮すると,

$$\varepsilon_{n+1}=\frac{\varepsilon_n^2}{2}\times\frac{f''(\alpha)+\varepsilon_n f'''(\xi_2)-\dfrac{\varepsilon_n}{3}f'''(\xi_1)}{\varepsilon_n f''(\alpha)+\dfrac{\varepsilon_n^2}{2}f''(\xi_2)}\doteqdot\frac{\varepsilon_n}{2}$$

となる.

第3章

[1] (1)$y=0$. (2)$y=x$. (3)$y=x(2-x)$.
(4)$y=\dfrac{4}{3}x(2-x)$.

[2] (1)近似値 1.2459, 誤差 0.0245.
(2)近似値 1.2276, 誤差 0.0062.
(3)近似値 1.2218, 誤差 0.0004.

[3] $x=0,\dfrac{\pi}{2},\pi,\cdots,3\pi$ におけるグラフ
上の点を用いて生成した例を図1に示す.

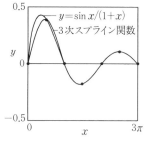

図1

[4]

$$
\begin{cases}
S_0'(x_0) = c_0 = \dfrac{1}{h_0}(y_1 - y_0) - \dfrac{h_0}{6}(2u_0 + u_1) = \alpha \\[2mm]
S_{N-1}'(x_N) = 3a_{N-1}h_{N-1}^2 + 2b_{N-1}h_{N-1} + c_{N-1} \\[2mm]
\qquad\qquad = \dfrac{1}{h_{N-1}}(y_N - y_{N-1}) + \dfrac{h_{N-1}}{6}(u_{N-1} + 2u_N) = \beta
\end{cases}
$$

ゆえに

$$
\begin{cases}
2h_0 u_0 + h_0 u_1 = \dfrac{6}{h_0}(y_1 - y_0) - 6\alpha \\[2mm]
h_{N-1}u_{N-1} + 2h_{N-1}u_N = 6\beta - \dfrac{6}{h_{N-1}}(y_N - y_{N-1})
\end{cases}
$$

この式と(3.28)式を並べて, 次式の $u_0 \sim u_N$ に関する連立 1 次方程式が得られる.

$$
\begin{pmatrix}
2h_0 & h_0 & & & & 0 \\
h_0 & 2(h_0 + h_1) & h_1 & & & \\
& \cdots\cdots\cdots & \cdots\cdots\cdots & \cdots\cdots\cdots & & \\
0 & & h_{N-2} & 2(h_{N-2} + h_{N-1}) & h_{N-1} \\
& & & h_{N-1} & 2h_{N-1}
\end{pmatrix}
\begin{pmatrix}
u_0 \\ u_1 \\ \vdots \\ u_{N-1} \\ u_N
\end{pmatrix}
$$

$$
= \begin{pmatrix}
\dfrac{6}{h_0}(y_1 - y_0) - 6\alpha \\
v_1 \\
\vdots \\
v_{N-1} \\
6\beta - \dfrac{6}{h_{N-1}}(y_N - y_{N-1})
\end{pmatrix}
$$

[5] (x_1, y_1) だけ与えられたとすると, (3.45)式の $\tilde{A}, \tilde{B}$ に共通の分母は

$$
1 \cdot \sum_{i=1}^{1} x_i^2 - \left(\sum_{i=1}^{1} x_i\right)^2 = 0
$$

となり, 計算が不可能となる. 直線の傾きと y 切片を同時に推定するのに 1 点しか与えられていないからである. 2 点以上の場合は, x_i の平均値を $\bar{x} = \dfrac{1}{N}\sum_{i=1}^{N} x_i$ とすると,

$$
N \sum_{i=1}^{N} x_i^2 - \left(\sum_{i=1}^{N} x_i\right)^2 = N \sum_{i=1}^{N}(x_i - \bar{x})^2
$$

となるので, すべての x_i が等しくならない限り分母が 0 にならない. よって $\tilde{A}, \tilde{B}$ が一意に定まる.

[6] (3.45)式より $\tilde{A} = 0.51$, $\tilde{B} = 0.53$. 与えられた点と $y = \tilde{A}x + \tilde{B}$ の関係を図 2 に示す.

[7] (3.52)式より $\tilde{A} = -1.0514$, $\tilde{B} = 2.0509$, $\tilde{C} = -0.4857$. 与えられた点と $y = \tilde{A}x^2 + \tilde{B}x + \tilde{C}$ の関係を図 3 に示す.

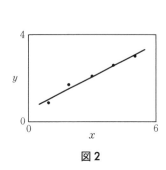

図2

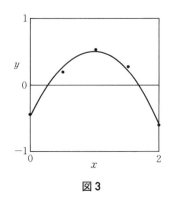

図3

第4章

[1] 計算結果を表2に示す．誤差は N を倍にすると台形則でほぼ 1/4 に，シンプソン則でほぼ 1/16 になる．

[2] (1)10.666666…，誤差 0．（倍精度計算の範囲で．） (2)0.60947569…，誤差 1.13 $\times 10^{-8}$．(3)5.8693224…，誤差 2.81×10^{-4}．

[3] (1)積分値 0.233860．台形則では被積分関数を 513 回，シンプソン則では 17 回計算した．(2)積分値 1.26538．台形則では被積分関数を 2049 回，シンプソン則では 129 回計算した．

[4] $N=32$ のときの I の近似値は約 4.179．誤差は約 9.67×10^{-3}．

[5] $h=(b-a)/N$，$x_j=a+jh$ とし，x の区間 $[x_j, x_{j+3}]$ を考える．3次のラグランジュの補間多項式を $P(x)$ とすると，$P(x)$ は

$$P(x_k) = f(x_k) \qquad (k=j, j+1, j+2, j+3)$$

を満たす x の3次多項式である．これより $P(x)$ を求め，x_j から x_{j+3} まで積分すると，

$$\int_{x_j}^{x_{j+3}} P(x)dx = \frac{3h}{8}\{f(x_j)+3f(x_{j+1})+3f(x_{j+2})+f(x_{j+3})\}$$

となる．したがって，$\int_a^b f(x)dx$ を近似する公式として，

$$\int_a^b f(x)dx \doteqdot \frac{3h}{8}\{f(x_0)+3f(x_1)+3f(x_2)+2f(x_3)+3f(x_4)$$
$$+3f(x_5)+2f(x_6)+\cdots+f(x_N)\}$$

が導かれる．ただし，N は3の倍数でなければならない．なお，この公式の誤差は $O(1/N^4)$ であり，シンプソン則と同程度である．

表 2

(1) $\displaystyle\int_0^2 x^5 dx = \frac{32}{3}$

（a）台形則

N	T	誤差
8	11.0820	4.15×10^{-1}
16	10.7707	1.04×10^{-1}
32	10.6927	2.60×10^{-2}
64	10.6731	6.51×10^{-3}

真の答 10.6666…

（b）シンプソン則

N	S	誤差
8	10.6718750	5.20×10^{-3}
16	10.6669921	3.25×10^{-4}
32	10.6666870	2.03×10^{-5}
64	10.6666679	1.27×10^{-6}

真の答 10.6666666…

(2) $\displaystyle\int_0^1 x\sqrt{1+x^2}\,dx = \frac{1}{3}(2\sqrt{2}-1)$

（a）台形則

N	T	誤差
8	0.610936	1.46×10^{-3}
16	0.609840	3.65×10^{-4}
32	0.609566	9.12×10^{-5}
64	0.609498	2.28×10^{-5}

真の答 0.609475…

（b）シンプソン則

N	S	誤差
8	0.609472310	3.39×10^{-6}
16	0.609475498	2.10×10^{-7}
32	0.609475695	1.30×10^{-8}
64	0.609475707	8.17×10^{-10}

真の答 0.609475708…

(3) $\displaystyle\int_0^\pi x^2 \sin x\,dx = \pi^2 - 4$

（a）台形則

N	T	誤差
8	5.74284	1.26×10^{-1}
16	5.83790	3.17×10^{-2}
32	5.86167	7.92×10^{-3}
64	5.86762	1.98×10^{-3}

真の答 5.86960…

（b）シンプソン則

N	S	誤差
8	5.86924685	3.57×10^{-4}
16	5.86958565	1.87×10^{-5}
32	5.86960328	1.11×10^{-6}
64	5.86960433	6.89×10^{-8}

真の答 5.86960440…

第 5 章

[1] 計算結果を表 3 に示す．括弧内は誤差．

[2] (1) $f'(a) = \dfrac{1}{3\Delta x}\{f(a+2\Delta x) - f(a-\Delta x)\} + O(\Delta x)$.

(2) $f'(a) = \dfrac{1}{2\Delta x}\{-f(a+2\Delta x) + 4f(a+\Delta x) - 3f(a)\} + O((\Delta x)^2)$.

(3) $f'(a) = \dfrac{1}{12\Delta x}\{-f(a+2\Delta x) + 8f(a+\Delta x) - 8f(a-\Delta x) + f(a-2\Delta x)\} + O((\Delta x)^4)$.

表3

Δx	$\{f(x+\Delta x)-f(x)\}/\Delta x$	$\{f(x)-f(x-\Delta x)\}/\Delta x$	$\{f(x+\Delta x/2)$ $-f(x-\Delta x/2)\}/\Delta x$
0.1	$-1.0601588(2.41\times10^{-1})$	$-0.6021987(2.16\times10^{-1})$	$-0.8217912(3.12\times10^{-3})$
0.01	$-0.8416603(2.29\times10^{-2})$	$-0.7959127(2.27\times10^{-2})$	$-0.8186926(3.13\times10^{-5})$
0.001	$-0.8209499(2.28\times10^{-3})$	$-0.8163752(2.28\times10^{-3})$	$-0.8186616(3.13\times10^{-7})$

$f'(1)$ の厳密な値 $=-0.8186613\cdots$

[3] 例として(5.33a)式を示す. テイラーの公式から

$$f(a+2\Delta x) = f(a)+2\Delta x f'(a)+2(\Delta x)^2 f''(a)+\frac{4}{3}(\Delta x)^3 f'''(a)+O((\Delta x)^4)$$

$$f(a+\Delta x) = f(a)+\Delta x f'(a)+\frac{(\Delta x)^2}{2}f''(a)+\frac{(\Delta x)^3}{6}f'''(a)+O((\Delta x)^4)$$

ゆえに

$$\frac{1}{(\Delta x)^2}\{f(a+2\Delta x)-2f(a+\Delta x)+f(a)\} = f''(a)+\Delta x f'''(a)+O((\Delta x)^2) = f''(a)+O(\Delta x)$$

[4] $Y_j=(1+\Delta t)^j$. $\lim\limits_{N\to\infty} Y_N=e$（自然対数の底）.

[5] $\Delta t=2/N$ とする. 例えば $N=32$ のとき $Y_N=4.9990915\cdots$, $N=64$ のとき $Y_N=4.9990921\cdots$ なので, $y(2)$ の値は有効数字6桁で 4.99909 と推定できる.

[6] 表4に計算結果を示す. 括弧内は誤差. 図4にオイラー法の場合の微分解と差分解のグラフを示す.

表4

Δt	オイラー法
0.2	1.97… （11）
0.02	10.60… （2.3）

Δt	ホイン法
0.2	10.3… （2.6）
0.02	12.84… （3.5×10^{-2}）

Δt	ルンゲ-クッタ法
0.2	12.84… （3.3×10^{-2}）
0.02	12.876270… （5.4×10^{-6}）

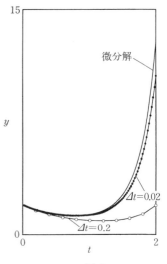

図4

[7] $|1-10\Delta t|<1$, $|1-90\Delta t|<1$ から, $\Delta t<\dfrac{1}{45}\fallingdotseq0.022$. さらに, 差分解に振動を生じないためには, $\Delta t<\dfrac{1}{90}\fallingdotseq0.011$.

[8] $\dfrac{dH}{dt}=\dfrac{y_1'}{y_1}(2y_1-3)-\dfrac{y_2'}{y_2}(2-y_2)=0$. ルンゲ–クッタ法による $\tilde{H}$ の値の変化を表5に示す. また, そのときの点 (y_1, y_2) の軌跡を図5に示す.

表5

t	$\tilde{H}$	誤差
1	4.8408	3.0×10^{-4}
2	4.8408	2.3×10^{-4}
3	4.8410	7.9×10^{-5}
4	4.8407	3.3×10^{-4}
5	4.8408	2.6×10^{-4}
6	4.8409	1.5×10^{-4}
7	4.8407	3.7×10^{-4}
8	4.8408	2.8×10^{-4}
9	4.8408	2.2×10^{-4}
10	4.8407	4.1×10^{-4}

H の厳密な値 $=4.8411\cdots$

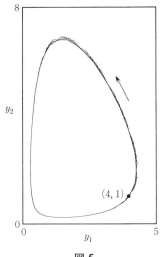

図5

[9] $\Delta x=1/20$ の場合, $x=1/4$, $1/2, 3/4$ で差分解の値はそれぞれ $0.1428515, 0.2033107, 0.1666445$ で, 誤差はそれぞれ $2.82\times10^{-5}, 3.65\times10^{-5}, 2.73\times10^{-5}$ となる. $\Delta x=1/40$ の場合, $x=1/4, 1/2, 3/4$ で差分解の値はそれぞれ $0.1428727, 0.2033380, 0.1666650$ で, 誤差はそれぞれ $7.07\times10^{-6}, 9.13\times10^{-6}, 6.83\times10^{-6}$ となる. 図6に, $\Delta x=1/20$ の場合の差分解のグラフを示す.

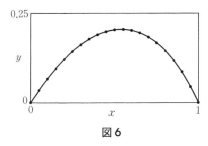

図6

第6章

[1] (1)計算結果を表6に示す. また, 図7に $(\Delta x, \Delta t)=(1/10, 1/100)$ の場合の差分解のグラフを示す.

表6

(a) $(\Delta x, \Delta t) = (1/6, 1/100)$

t	$x=0.5$ での値
0.02	0.3464
0.04	0.2771
0.06	0.2256
0.08	0.1842

(b) $(\Delta x, \Delta t) = (1/10, 1/100)$

t	$x=0.5$ での値
0.02	0.5000
0.04	1.3000
0.06	7.7000
0.08	58.099

(c) $(\Delta x, \Delta t) = (1/10, 1/500)$

t	$x=0.5$ での値
0.02	0.3434
0.04	0.2764
0.06	0.2260
0.08	0.1853

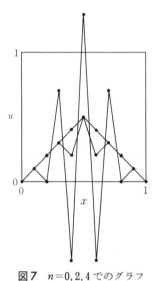

図7 $n=0, 2, 4$ でのグラフ

(2)計算結果を表7に示す.

表7
$(\Delta x, \Delta t) = (1/50, 1/100)$

t	$x=0.5$ での値
0.02	0.3503
0.04	0.2819
0.06	0.2315
0.08	0.1912

[2] 特解は

$$U_j^n = \left(\frac{1 - 2\alpha \sin^2 \dfrac{k\Delta x}{2}}{1 + 2\alpha \sin^2 \dfrac{k\Delta x}{2}} \right)^n \exp(ikj\Delta x)$$

となる. ただし, $\alpha = \Delta t/(\Delta x)^2$ とする. 任意の $\alpha\,(>0)$ に対して

$$\left| \frac{1-2\alpha\sin^2\dfrac{k\Delta x}{2}}{1+2\alpha\sin^2\dfrac{k\Delta x}{2}} \right| \leqq 1$$

となるので，無条件安定である．

[3] 計算結果を表 8 に示す．また，図 8 に差分解のグラフを示す．

表 8

t	$x=0.5$ での値
0.0	0.7500
0.1	0.7379
0.2	0.7059
0.3	0.6539
0.4	0.5819
0.5	0.4901
0.6	0.3841
0.7	0.2792
0.8	0.1741
0.9	0.06937
1.0	-0.03591

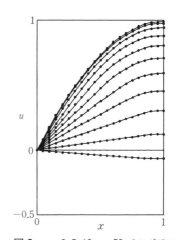

図 8 $n=0,5,10,\cdots,50$ でのグラフ

[4] $(1)\Delta t/\Delta x$ の値によらず不安定．
$(2)\Delta t/\Delta x\leqq 1$．

[5] $(x,y)=(0.5,0.5),(0.25,0.25),$
$(0.25,0.75),(0.75,0.25),(0.75,0.75)$ での値
はそれぞれ 0.3028, 0.4873, 0.2201, 0.3482,
0.08097．ただし，(6.53)式の連立 1 次方
程式を 7-4 節の SOR 法を用いて解いた．
また，SOR 法のアルゴリズム中で $\varepsilon=10^{-6}$
とした．差分解の等高線図を図 9 に示す．

[6] $h=1/N$，$x_i=ih$，$y_j=jh$ とする．
差分方程式は，

$$\frac{1}{h^2}(U_{i+1,j}-2U_{i,j}+U_{i-1,j})+\frac{1}{h^2}(U_{i,j+1}$$
$$-2U_{i,j}+U_{i,j-1}) = -f(x_i,y_j)$$

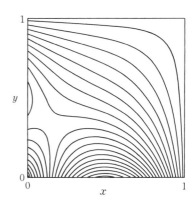

図 9 各等高線の高さは 0.025
から 0.975 まで 0.05 きざみ．

となる．よって(6.52)式の右辺を

$$\begin{pmatrix} U_{0,1}+U_{1,0}+h^2f(x_1,y_1) \\ U_{2,0}\quad+h^2f(x_2,y_1) \\ U_{4,1}+U_{3,0}+h^2f(x_3,y_1) \\ U_{0,2}\quad+h^2f(x_1,y_2) \\ h^2f(x_2,y_2) \\ U_{4,2}\quad+h^2f(x_3,y_2) \\ U_{0,3}+U_{1,4}+h^2f(x_1,y_3) \\ U_{2,4}\quad+h^2f(x_2,y_3) \\ U_{4,3}+U_{3,4}+h^2f(x_3,y_3) \end{pmatrix}$$

に置き換えればよい．

第7章

[1] 解の厳密な値を示しておく．$(1)(x_1,x_2,x_3)=(1,3,2)$．$(2)(x_1,x_2,x_3)=(-2,3,1)$．$(3)(x_1,x_2,x_3,x_4,x_5)=(1,-1,2,-2,3)$．

[2] 解の厳密な値を示しておく．$(1)(x_1,x_2,x_3)=(0.5,2,1.5)$．$(2)(x_1,x_2,x_3,x_4,x_5)$
$=\left(\dfrac{73}{112},-\dfrac{17}{28},\dfrac{1}{8},-\dfrac{2}{7},\dfrac{25}{28}\right)\doteqdot(0.652,-0.607,0.125,-0.286,0.893)$．

[3] (1) $\quad d_1:=a_1,\ u_1:=c_1$

$\qquad l_2:=b_2/d_1,\ d_2:=a_2-l_2u_1,\ u_2:=c_2-l_2f_1$

$\qquad \Big[i:=3,4,\cdots,N-1$ の順に

$\qquad\qquad m_i:=e_i/d_{i-2}$

$\qquad\qquad l_i:=(b_i-m_iu_{i-2})/d_{i-1}$

$\qquad\qquad d_i:=a_i-m_if_{i-2}-l_iu_{i-1}$

$\qquad\qquad u_i:=c_i-l_if_{i-1}$

$\qquad$ を繰り返す

$\qquad m_N:=e_N/d_{N-2}$

$\qquad l_N:=(b_N-m_Nu_{N-2})/d_{N-1}$

$\qquad d_N:=a_N-m_Nf_{N-2}-l_Nu_{N-1}$

(2) $Lz=y,\ Ux=z$ を順に解く．

$\qquad z_1:=y_1$

$\qquad z_2:=y_2-l_2z_1$

$\qquad \Big[i:=3,4,\cdots,N$ の順に $\qquad\qquad\Big\}\ Lz=y$ を解く

$\qquad\qquad z_i:=y_i-m_iz_{i-2}-l_iz_{i-1}$

$\qquad$ を繰り返す

$$x_N := z_N/d_N$$

$$x_{N-1} := (z_{N-1} - u_{N-1}x_N)/d_{N-1}$$

$$\left.\begin{array}{l} \left\lceil i := N-2, N-3, \cdots, 1 \text{ の順に} \right. \\ \left. \quad x_i := (z_i - u_i x_{i+1} - f_i x_{i+2})/d_i \right. \\ \left\lfloor \text{を繰り返す} \right. \end{array}\right\} Ux = z \text{ を解く}$$

[4] ω と計算終了までの反復回数との関係を表9に示す.

表9

	(1)		(2)
ω	反復回数	ω	反復回数
1.0	21	1.0	15
1.1	16	1.1	11
1.2	11	1.2	10
1.3	14	1.3	13
1.4	17	1.4	17
1.5	21	1.5	21
1.6	28	1.6	29
1.7	40	1.7	40
1.8	65	1.8	65
1.9	131	1.9	136

[5] 問題文中のアルゴリズムに従って計算を行なったとする.

$\omega = 1.0$ のとき:反復回数は766回. $U_{10,10} = 0.1998575791$, $U_{5,5} = 0.3205938450$, $U_{5,15} = 0.05340059561$, $U_{15,5} = 0.3205938451$, $U_{15,15} = 0.05340059571$.

$\omega = 1.73$ のとき:反復回数は75回. $U_{10,10} = 0.1998575807$, $U_{5,5} = 0.3205938458$, $U_{5,15} = 0.05340059640$, $U_{15,5} = 0.3205938459$, $U_{15,15} = 0.05340059643$.

索　引

髙橋大輔

1961年宝塚に生まれる. 1983年東京大学工学部物理工学科卒業.
1985年東京大学大学院工学系研究科修士課程修了. 東京大学工学
部助手, 龍谷大学理工学部講師・助教授を経て, 現在早稲田大学
理工学部教授. 工学博士.
専攻, 非線形方程式, 特にソリトン理論.

理工系の基礎数学 新装版

数値計算

1996 年 2 月 16 日	第 1 刷発行
2020 年 9 月 4 日	第 23 刷発行
2022 年 11 月 9 日	新装版第 1 刷発行
2023 年 7 月 5 日	新装版第 2 刷発行

著　者　　髙橋大輔

発行者　　坂本政謙

発行所　　株式会社　岩波書店
　　　　　〒101-8002 東京都千代田区一ツ橋 2-5-5
　　　　　電話案内 03-5210-4000
　　　　　https://www.iwanami.co.jp/

印刷製本・法令印刷

吉川圭二・和達三樹・薩摩順吉 編

理工系の基礎数学 [新装版]

A5 判並製（全 10 冊）

理工系大学 1～3 年生で必要な数学を，現代的視点から全 10 巻にまとめた．物理を中心とする数理科学の研究・教育経験豊かな著者が，直観的な理解を重視してわかりやすい説明を心がけたので，自力で読み進めることができる．また適切な演習問題と解答により十分な応用力が身につく．「理工系の数学入門コース」より少し上級．

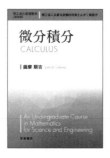

微分積分	薩摩順吉	240 頁	定価 3630 円
線形代数	藤原毅夫	232 頁	定価 3630 円
常微分方程式	稲見武夫	240 頁	定価 3630 円
偏微分方程式	及川正行	266 頁	定価 4070 円
複素関数	松田　哲	222 頁	定価 3630 円
フーリエ解析	福田礼次郎	236 頁	定価 3630 円
確率・統計	柴田文明	232 頁	定価 3630 円
数値計算	髙橋大輔	208 頁	定価 3410 円
群と表現	吉川圭二	256 頁	定価 3850 円
微分・位相幾何	和達三樹	274 頁	定価 4180 円

── 岩波書店刊 ──

定価は消費税 10% 込です
2023 年 7 月現在

戸田盛和・広田良吾・和達三樹 編
理工系の数学入門コース
A5 判並製（全 8 冊）　　　　[新装版]

学生・教員から長年支持されてきた教科書シリーズの新装版．理工系のどの分野に進む人にとっても必要な数学の基礎をていねいに解説．詳しい解答のついた例題・問題に取り組むことで，計算力・応用力が身につく．

微分積分	和達三樹	270 頁	定価 2970 円
線形代数	戸田盛和 浅野功義	192 頁	定価 2860 円
ベクトル解析	戸田盛和	252 頁	定価 2860 円
常微分方程式	矢嶋信男	244 頁	定価 2970 円
複素関数	表　実	180 頁	定価 2750 円
フーリエ解析	大石進一	234 頁	定価 2860 円
確率・統計	薩摩順吉	236 頁	定価 2750 円
数値計算	川上一郎	218 頁	定価 3080 円

戸田盛和・和達三樹 編
理工系の数学入門コース／演習 [新装版]
A5 判並製（全 5 冊）

微分積分演習	和達三樹 十河　清	292 頁	定価 3850 円
線形代数演習	浅野功義 大関清太	180 頁	定価 3300 円
ベクトル解析演習	戸田盛和 渡辺慎介	194 頁	定価 3080 円
微分方程式演習	和達三樹 矢嶋　徹	238 頁	定価 3520 円
複素関数演習	表　実 迫田誠治	210 頁	定価 3410 円

———— 岩波書店刊 ————

定価は消費税 10% 込です
2023 年 7 月現在

長岡洋介・原康夫 編

岩波基礎物理シリーズ[新装版]

A5 判並製(全 10 冊)

理工系の大学 1〜3 年向けの教科書シリーズ
の新装版.教授経験豊富な一流の執筆者が数
式の物理的意味を丁寧に解説し,理解の難所
で読者をサポートする.少し進んだ話題も工
夫してわかりやすく盛り込み,応用力を養う
適切な演習問題と解答も付した.コラムも楽
しい.どの専門分野に進む人にとっても「次
に役立つ」基礎力が身につく.

力学・解析力学	阿部龍蔵	222 頁	定価 2970 円
連続体の力学	巽　友正	350 頁	定価 4510 円
電磁気学	川村　清	260 頁	定価 3850 円
物質の電磁気学	中山正敏	318 頁	定価 4400 円
量子力学	原　康夫	276 頁	定価 3300 円
物質の量子力学	岡崎　誠	274 頁	定価 3850 円
統計力学	長岡洋介	324 頁	定価 3520 円
非平衡系の統計力学	北原和夫	296 頁	定価 4620 円
相対性理論	佐藤勝彦	244 頁	定価 3410 円
物理の数学	薩摩順吉	300 頁	定価 3850 円

———————— 岩波書店刊 ————————

定価は消費税 10% 込です
2023 年 7 月現在

戸田盛和・中嶋貞雄 編

物理入門コース [新装版]

A5 判並製（全 10 冊）

理工系の学生が物理の基礎を学ぶための理想的なシリーズ．第一線の物理学者が本質を徹底的にかみくだいて説明．詳しい解答つきの例題・問題によって，理解が深まり，計算力が身につく．長年支持されてきた内容はそのまま，薄く，軽く，持ち歩きやすい造本に．

力　学	戸田盛和	258 頁	定価 2640 円
解析力学	小出昭一郎	192 頁	定価 2530 円
電磁気学Ⅰ　電場と磁場	長岡洋介	230 頁	定価 2640 円
電磁気学Ⅱ　変動する電磁場	長岡洋介	148 頁	定価 1980 円
量子力学Ⅰ　原子と量子	中嶋貞雄	228 頁	定価 2970 円
量子力学Ⅱ　基本法則と応用	中嶋貞雄	240 頁	定価 2970 円
熱・統計力学	戸田盛和	234 頁	定価 2750 円
弾性体と流体	恒藤敏彦	264 頁	定価 3410 円
相対性理論	中野董夫	234 頁	定価 3190 円
物理のための数学	和達三樹	288 頁	定価 2860 円

戸田盛和・中嶋貞雄 編

物理入門コース／演習 [新装版]　A5 判並製（全 5 冊）

例解　力学演習	戸田盛和 渡辺慎介	202 頁	定価 3080 円
例解　電磁気学演習	長岡洋介 丹慶勝市	236 頁	定価 3080 円
例解　量子力学演習	中嶋貞雄 吉岡大二郎	222 頁	定価 3520 円
例解　熱・統計力学演習	戸田盛和 市村　純	222 頁	定価 3740 円
例解　物理数学演習	和達三樹	196 頁	定価 3520 円

──────── 岩波書店刊 ────────

定価は消費税 10% 込です
2023 年 7 月現在

ファインマン，レイトン，サンズ 著
ファインマン物理学[全5冊]
B5 判並製

物理学の素晴しさを伝えることを目的になされたカリフォルニア工科大学 1，2 年生向けの物理学入門講義．読者に対する話しかけがあり，リズムと流れがある大変個性的な教科書である．物理学徒必読の名著．

I	力学	坪井忠二 訳	396 頁 定価 3740 円
II	光・熱・波動	富山小太郎 訳	414 頁 定価 4180 円
III	電磁気学	宮島龍興 訳	330 頁 定価 3740 円
IV	電磁波と物性[増補版]	戸田盛和 訳	380 頁 定価 4400 円
V	量子力学	砂川重信 訳	510 頁 定価 4730 円

ファインマン，レイトン，サンズ 著／河辺哲次 訳
ファインマン物理学問題集[全2冊]　B5 判並製

名著『ファインマン物理学』に完全準拠する初の問題集．ファインマン自身が講義した当時の演習問題を再現し，ほとんどの問題に解答を付した．学習者のために，標準的な問題に限って日本語版独自の「ヒントと略解」を加えた．

| 1 | 主として『ファインマン物理学』の I，II 巻に対応して，力学，光・熱・波動を扱う． | 200 頁 定価 2970 円 |
| 2 | 主として『ファインマン物理学』の III～V 巻に対応して，電磁気学，電磁波と物性，量子力学を扱う． | 156 頁 定価 2530 円 |

──────── 岩波書店刊 ────────
定価は消費税 10% 込です
2023 年 7 月現在

松坂和夫 数学入門シリーズ（全6巻）

松坂和夫著　菊判並製

高校数学を学んでいれば，このシリーズで大学数学の基礎が体系的に自習できる．わかりやすい解説で定評あるロングセラーの新装版．

――――― 岩波書店刊 ―――――
定価は消費税 10% 込です
2023 年 7 月現在

新装版 数学読本（全6巻）

松坂和夫著　菊判並製

中学・高校の全範囲をあつかいながら，大学数学の入り口まで独習できるように構成．深く豊かな内容を一貫した流れで解説する．

――――――――― 岩波書店刊 ―――――――――

定価は消費税10%込です
2023年7月現在